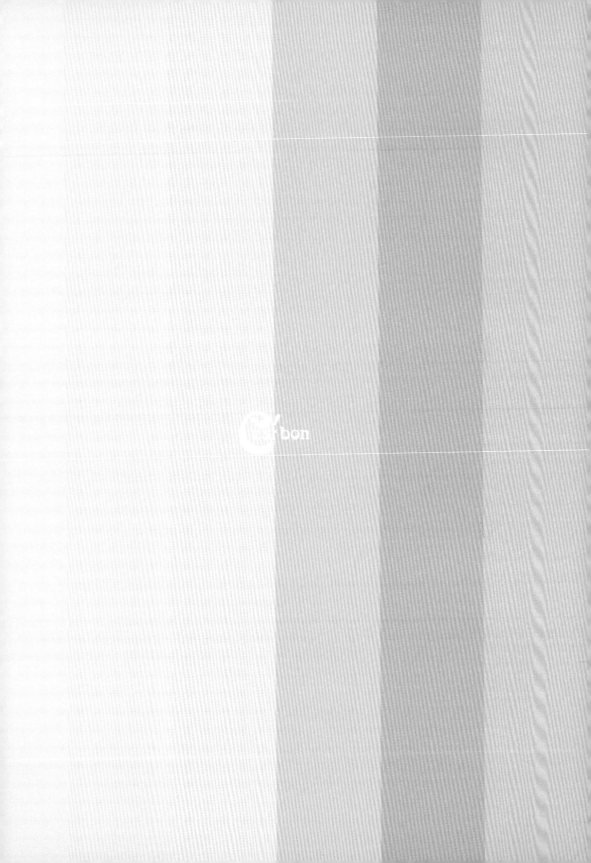

100 RECIPES FROM MY HEART

兩個人的
巴黎餐酒館

PHOEBE WANG

著

始終

　　跟 Phoebe 一起走進巴黎人的世界裡，學習如何生活、如何享受當下。

　　《兩個人的巴黎餐酒館》延續當年「Phoebe's Kochhaus」的兩人份食譜和創始初衷，經過出版社高手們的巧思彙整，重新賦予它新意向，並在一連串的反覆討論中，我們找到了全新的共鳴點。它，為 Phoebe 量身訂做；它，從 Phoebe 的起點開始論述，並綻放新的火花；它，在我們見不到彼此（甚至沒見過彼此）的情況下臻至完成。這讓我除了感動外，並再次肯定一直以來的堅持與堅守──「專業」之於人的重要性與珍貴性。每個新階段的起步皆非易事，脆弱與掙扎時時啃蝕著我們的日夜與心靈。成功非偶然，但絕對是必然；成功亦未必給準備好的人，但一定屬於懷抱真理與帶著強大正能量的靈魂。

　　因為這些感動，坐在鍵盤前敲著一字一句的我，感到無比的興奮與激勵。

　　自從編輯定出了《兩個人的巴黎餐酒館》策略後，立刻有感的我再一次陷入與巴黎的熟悉對話裡。旅行巴黎的次數已不可考，愛戀巴黎半生從未減過，「巴黎」是我學藝生涯中的不能承受之重。因為它，開始了我生命中除了母系料理之外的另一專業世界；因為它，讓我把法國料理的基礎扎根、扎深，並散發無限的生活創意；因為它，讓我打開了世界各民族料理的視野和接觸，也讓我有了全新的世界觀。今天，因為這本書，帶我再次回到我的初始、我的巴黎，心情複雜，卻也更加的堅信與開心當年的選擇。

　　本書以隱身在巴黎巷弄裡的餐酒館們為引，窺看整個巴黎的歷史演進和人文世界，再藉由一百道發自內心的食譜，傾吐我對法國料理的衷情，歌詠它的美麗和無與倫比的幻妙滋味。愛上它，因著琳瑯滿目、五顏六色的食材們把餐盤妝點得高雅繽紛，滿足我無可救藥的完美強迫症；愛上它，因著細緻又繁複的烹調做工，滿足我喜歡自虐及追求美好的靈魂；愛上它，因著對餐桌擺設的講究和那華麗的隆重感，報償並尊重每個跟我一樣窩在廚房裡揮汗下廚的廚師；愛上它，因著把餐酒、乳酪等一併入餐的千變萬化，把享受美食當成一門高深的學問來研究。這些正是讓法國料理放眼世界難得敵手的原因，深刻並巨大的影響著整個世界，牽動並進化著各民族的料理進程。另外，由於我的父母以愛與美食持家的家庭教育，讓我從小就明白

「愛的料理」對一個家庭的重要性，我期待這本書能進而影響社會和每個家庭對於「吃飯」這件事的重視。

　　製作這些食譜時，我花了無數晝夜的斟酌與考慮，希望透過文字和大量的精美畫面讓大家體會食物給予人的強大感染力和生命力，希望大家願意接近它，甚至親自下廚嘗試它。食物不只是食物，它填飽的不只是口腹，還有心靈；它帶來的不只是「吃」這回事，更代表了品味和享受生命的美好；它滿足的不只是日常的裹腹所需，更蘊含著深度的餐盤美景，更是愛與被愛間靈魂們互動的聯繫。

　　《兩個人的巴黎餐酒館》不只是一般的食譜書——儘管書裡有著一百道經典料理或我的精心創作，亦涵蓋了無數料理的精神、知識與巴黎之美。

《兩個人的巴黎餐酒館》也不是一般的美食指南——儘管 Phoebe 挑選了一些巴黎同業好友們的餐廳共襄盛舉，更重要的是看見現在法國餐酒館的改變、了解他們如何成為一個新的飲食時尚代表。

　　《兩個人的巴黎餐酒館》更不是一本類美食的攝影集——儘管全書出動了三位攝影師（包括我自己）。品味（Taste）的定義，理當集合五感，甚至心靈，其中首當其衝的就是視覺刺激，激盪了腦門對眼前之物的感動，因此我慎重拍下每一張精彩畫面，哪怕僅是盤邊的小小點綴、一把花束。畫面中的那些瓷器、鍋碗瓢盆與裝飾物等，許多是我二十多年來的收藏，也有的是為了本書特地採購。除了有形的付出，這本書也耗盡我的大腦細胞和睡眠，再三挑剔、反覆思考著這些魔鬼纏繞的細節，務必讓每一張照片都賞心悅目，讓我有入畫的衝動。

　　這本書也超越了我對一般料理書的想像與期待。一直對「味道」的掌握十分重視的我來說，始終認為料理的精神不只在形、色的有形物上，而是在味道，因此這次使用了很多不同的食材大玩加減乘除，如遊戲般的體驗它，所以這本書是集味覺與視覺的雙饗宴。但願我所分享的料理觀念和這一百道食譜能給予一般大眾輕鬆嘗試製作的可能性，更希望能對同業料理人（尤其是年輕的廚師們）有一些助益和知識上的增長。畢竟法國料理的地位和崇高性至今仍是我們料理人奉為圭臬的典範，學習法國料理可以作為學習任一料理的最基礎，有了對法國料理的基礎認識，相信更易於習得其他料理的精髓，更有助於創作的靈感和更美好的餐盤呈現。

　　在此感謝商周出版團隊對這本書的肯定與支持，滿足之外，更讚佩您們的完美企畫與縝密的製作細節。感謝所有付出實際行動協助我完成本書的好朋友們，尤其要感謝 Clément 與 Sloan，少了您們，本書將難以完成、難以如此的美好。另外，攝影師 Yurina（日籍巴黎人）和 Julia（柏林人）、Jeannie、Mina、chef Nino、chef Thibaut 與 Bon Marché 的 LA TABLE 餐廳，以及剛晉升米其林的好朋友 chef Romain and Ayumi、Anne，感謝您們的慷慨協助，讓它如此順利圓滿。

　　當然，最要感謝我重要的家人們，感謝先生 Matthias，一直以來是我最重要的精神支柱與後盾，不斷的給予我建議和鼓勵，尤其是他始終全力支持著我做我所有

想做的事，追求所有想追的夢。也要感謝我家的小小米其林探員兒子 Sebastain，總會對媽媽的食譜有最精準的評價與批評，他的品味能力讓我們咋舌稱許（真的沒有白費用美食餵養了他十年）。更要感謝他們忍受數個月以來家如攝影棚、工地的亂相，並為這一百道料理嚴格把關。

　　法國，改變並開展了我精彩的人生之旅，一路二十多年。它不只成就了我的專業，改變了我半生的生活，更讓我的生命充滿了更多的挑戰與新奇美好。至今，它仍在不斷的經歷改變，改變經歷著 Phoebe……。它，從始至終，直到永恆的影響著我的一生！

　　把此書獻給我親愛的母親和我的老師 (GÉRARD PELOURSON) 感謝您們的教養之情、作育之恩！

　　並祝媽媽七十七歲生日快樂。

去年，有幸與柏林的米其林之星Chef Andreas一起探訪了德國第一位森林採集獵人Schnell先生的鄉居。他花了大半天的時間教我們認識了許多罕見的野生植物與香草，雖然那天下著大雪又長路迢迢，但我們的心裡溫暖又感動，而且收穫滿滿。我畫下Schnell先生家的廚房一隅，也同時記錄了那美好的一天！

CHAPTER

1

ASIAN FOOD

開胃菜

CHAPTER

3

湯品

CHAPTER

4

麵食 & 燉飯

CHAPTER

5

主菜

做好
歐陸料理第一步：
跟著Phoebe
做高湯

　　學習歐式料理的第一步就是製作高湯，雖然有點繁瑣，但好高湯能讓料理呈現非凡的風味，千萬別漠視它的存在。

　　高湯的用途廣泛，主要運用在製作湯品（Soup）、醬汁（Sauce）和燉煮食物（Stew）的基底，大致可分為禽類、肉類、魚類與蔬菜類等。這裡介紹幾款本書所使用的高湯，建議你可以利用閒暇或瑣碎的時間預先製作，然後分裝放入冰箱冷藏或冷凍保存，方便隨時取用。

　　若實在抽不出時間，也可以直接使用市售高湯粉或湯塊，最好不要省略高湯，那可是會影響風味喔！使用市售高湯粉或湯塊的時候，「不要」參照使用說明上的分量，因為市售高湯商品的鹽分含量通常較高，若按商品說明使用，再加上食譜標示的調味料用量，就會導致過鹹，所以最好是依照個人喜好的濃淡程度與適量的水調和，然後再「濃縮」到喜歡的濃度即可。

雞高湯

材料

雞骨與雞骨架（Chicken bones and carcass） 約350g　　香料束（Bouquet garni） 1束
洋蔥（切成大塊） 80g　　　　　　　　　　　　胡椒粒（Peppercorns） 10粒
丁香（Clove） 3粒　　　　　　　　　　　　　　水　800c.c.
月桂葉（Bay leaves） 2片

做法

1　將雞骨與雞骨架汆燙後取出洗淨。

2　將1.與其他食材一起放進鍋，加水煮至沸騰，再熬煮2～3小時（期間需不時撈除浮渣）。

3　過濾湯汁放涼後即可放進冰箱冷藏，最久可保存3天。

製作西式高湯時經常會用到香料束，能增添湯頭的風味和香氣，其內容物沒有制式限定，多半為西洋芹、青蒜、巴西利梗、紅蘿蔔、洋蔥、月桂葉、丁香、胡椒粒等，以棉繩將材料直接綑綁好。若食材中有大片葉子的話，可以葉子包覆所有食材再綑綁，也可以用紗布包裹起來，總之目的是避免食材四散，方便撈取。

魚高湯

材料

魚骨和魚邊肉（切塊，用少許的鹽醃10分鐘） 350g
洋蔥（切成大塊） 80g
不甜的白酒（可省略） 100c.c.
胡椒粒 10粒
丁香 3粒
月桂葉 2片
檸檬汁 半顆
水　800c.c.

做法

1　將食材放進鍋中加熱到沸騰，轉小火熬煮30分鐘（需不時撈除浮渣）。

2　過濾湯汁放涼後即可放進冰箱冷藏，最久可保存3天。

熬煮魚高湯時有三點要特別注意：
1. 建議使用味道較溫和、不腥的白肉魚或新鮮的鮭魚骨，避免味道腥重的油魚等，而且務必新鮮。
2. 只需小火慢煮半小時即可，煮太久味道就會變澀變腥。
3. 需先去除魚眼、鰓和腸，並用冷鹽水浸泡約10分鐘，去除腥臭味。

褐色高湯

BROWN STOCK

材料

牛肉和小牛骨　500g
洋蔥（切成大塊）　80g
丁香　3粒
月桂葉　2片
香料束　1束
胡椒粒　10粒
番茄糊　2大匙
水　800c.c.

做法

1　將牛肉和小牛骨用烤箱以230℃烤20分鐘，再放入洋蔥和香料束一起烤20分鐘，期間需加入150c.c.的水，用以稀釋盤底的肉汁（若怕麻煩，亦可省略此步驟）。

2　把1.移到湯鍋，再把其他食材全部加入，以小火熬煮3～4小時（需不時撈除浮渣）。

3　過濾湯汁放涼後即可放進冰箱冷藏，最久可保存3天。

熬製這款高湯時，將肉和骨烤過能使湯汁呈現美麗的焦褐色，味道也會更加濃郁馨香，而且還能達到溶解多餘油脂的目的。

●Tips 1 如何過濾湯汁？
將細目過濾網架在一個大盆上，把湯汁舀入，再用大湯杓按壓食材，就能澈底萃取湯汁的精華。

●Tips 2 如何去除湯汁的油脂？
除了在熬煮過程中不時撈除湯面的油脂殘渣外，最好的方法是等湯冷卻後，用一張保鮮膜均勻覆蓋在湯的表面，然後放入冰箱冷藏，隔日就會看見一層厚厚的白色油脂附著在保鮮膜上，然後把保鮮膜扔掉，就能輕易去除油脂了。

1

開胃菜

開胃菜總是有無限的創意和選擇，
也許是沙拉、湯、焗烤點心或生食，
是評鑑一間餐廳好壞及用心與否的一大指標。

夏季松露美奶滋水煮蛋
Egg Mayonnaise, summer truffle
餐廳⋯⋯ LA TABLE　主廚⋯⋯ Cédric Erimee

枸櫞雙乳酪冷盤

烹飪器具

調理機或刨片器

材料

枸櫞（Citrus medica，橫切薄片）　半顆
水牛蒙佐力拉乳酪（Mozzarella cheese）　30g
帕美善乾酪（Parmesan cheese）　10g
松子（Pine nut）　12g

淋汁
｜　萊姆汁　半顆
｜　橄欖油　半大匙
｜　檸檬油　2大匙
｜　香料海鹽　適量
｜　胡椒　適量

枸櫞

做法

1　將枸櫞放入切片調理機裡橫切成薄片，再鋪排於盤中。

2　將〔淋汁〕的材料混合均勻，澆淋在1.上。

3　把水牛蒙佐力拉乳酪撕成塊狀，放在枸櫞上。

4　刨上帕美善乾酪，再撒上松子裝飾即可。

每到初春，各式柑橘類果實隨處可見，我喜歡把它們廣泛運用在料理、甜點及飲料之中，增加迷人清新的氣息。外觀與萊姆相似的枸櫞來自法國科西嘉島，有著皺皺的外皮和雪松般的淡雅木質香氣，切成薄片後的口感軟嫩，帶點淡淡的檸檬香，澆淋上萊姆醬汁、配上乳酪當成前菜或沙拉，特別清爽開胃，是道獨特又有活力的春天美饌。枸櫞在臺灣較罕見，不妨到有豐富歐陸食材的濱江市場找找，或是以較不酸的萊姆或柳橙替代（萊姆的效果會比柳橙適合些）。

SHRIMP, LIME
AND CUCUMBER DIP

萊姆小黃瓜生蝦小點

烹飪器具

調理機

材料

| 　 | 生魚片等級鮮蝦（將肉取出後略切）　100g
| A | 小黃瓜（帶皮切丁）　50g
| 　 | 萊姆（皮末）　半顆

檸檬油　2大匙
鹽之花　適量
胡椒　適量

做法

1　將〔A〕全切碎或放入調理機打碎（別打太碎，略留些口感更佳）。

2　加入檸檬油、鹽之花與胡椒調味。

3　放在乳酪餅或烤吐司上食用。

這道萊姆小黃瓜生蝦小點真的太好吃了！鮮蝦的滋味本就無敵，調入我最喜歡的檸檬油，再加上鮮脆爽口的小黃瓜與萊姆，夠味又協調，是道高雅華麗的菜品，絕對賓主盡歡！

WINE, ONION
AND MANGO SAUCE FOIE GRAS

紅酒蜜漬洋蔥與肥肝佐芒果醬

烹飪器具

平底鍋1支、醬汁鍋1支、調理機

材料

鮮肥肝 2片

　　紅洋蔥（最好中型、剖半） 1顆
　　紅酒 70c.c.
　　水 20c.c.
A　糖 50g
　　八角（Anise） 5粒
　　丁香 5粒
新鮮芒果或新鮮芒果泥 50g
萊姆或檸檬（汁） 1／3顆
橄欖油 1大匙
鹽之花 適量
胡椒 適量

做法

1　在平底鍋中加入半大匙的橄欖油，用中小火將洋蔥略煎至焦黃。

2　將洋蔥放入小鍋與〔A〕的其餘材料蜜漬煮到軟（以小火加蓋烹煮，軟爛後再開蓋，以小火收汁），加入鹽和胡椒調味。

3　將芒果放入調理機打成泥，再加入糖和萊姆汁煮成醬汁。

4　在平底鍋中加入薄薄的油，將肥肝兩面煎至焦黃，起鍋前再撒上鹽之花和胡椒。

5　盛盤，並加以裝飾。

鮮芒醬汁與肥肝真是絕配，搭配綿糯的紅酒蜜漬洋蔥更是對了肥肝的味。若想做出這道料理的好滋味，一定要掌握燉洋蔥和煎鵝肝的要訣，這兩項可是這道菜的工夫與精華所在。請先將洋蔥煎上色，再加蓋小火慢燉（防止洋蔥因水分喪失而過乾），然後開蓋略微收汁（以上步驟都以小火處理）。切記，煎鵝肝的鍋一定要夠熱，上色後再翻面，若以鐵氟龍鍋煎鵝肝則不需加油。

BAKED POTATO WITH FOIE GRAS AND PRUNES

焗烤蜜棗肥肝馬鈴薯盅

烹飪器具

烤箱、醬汁鍋1支、平底鍋1支、烤盅、調理機

材料

鮮肥肝 2片
紅蔥頭（切碎） 1顆
加州蜜棗（切小塊） 3顆（另可備2顆切塊裝飾用）
雞高湯 100c.c.
洋蔥（切絲） 110g
青蒜（切絲） 50g
馬鈴薯（放入電鍋，用半杯水先蒸熟再切片） 150g
無鹽奶油 10g
橄欖油 1.5大匙
香料海鹽 適量
胡椒 適量
長胡椒 適量

做法

1. 烤盤內放入500c.c.的水，以180℃預熱10分鐘（預熱烤箱時，上、下火均開，採中架位）。

2. 將鴨肝正、反兩面都用鹽和胡椒醃10分鐘。

3. 取一醬汁鍋，放入半大匙的油加熱，把紅蔥頭、蜜棗用小火炒香，加入雞高湯煮滾後轉小火濃縮3分鐘，再加入鹽和胡椒調味，然後打碎備用。

4. 在平底鍋中加入1大匙橄欖油和奶油加熱，將洋蔥和青蒜絲以中火炒至焦黃，再加入鹽和胡椒調味。

5. 將4.鋪在烤盅裡，再排上馬鈴薯片。

6. 放上肥肝，淋上醬汁後放入烤箱，約蒸烤20分鐘。

7. 取出後放上蜜棗塊，並現磨上些許粗粒長胡椒即可。

肥肝的吃法似乎總脫離不了乾煎或做成肝醬，今天Phoebe就來教大家做個不一樣的肥肝料理。利用蒸烤的方式保留肥肝的鮮嫩，佐以各種烤得軟爛的鮮蔬，以自然鮮甜來烘托肝的肥美，最後撒上帶勁的長胡椒，其尾韻蘊藏獨特花香與肉桂香氣，不僅解了油脂的膩，也為這道料理注入了熱情的新氣息。

SMOKED MACKEREL, CHIVES,
CREAM CHEESE DIP

煙燻鯖魚蝦蔥乳酪醬

烹飪器具

調理機

材料

| | 煙燻鯖魚（或燻鱈魚） 60g
| A | 奶油乳酪（Cream cheese） 100g
| | 烹調用鮮奶油（可用此調整濃稠度，亦可省略） 1大匙
萊姆或檸檬（汁） 半顆
蝦夷蔥（切碎） 3支
香料海鹽 適量
胡椒 適量

做法

1 將煙燻鯖魚的肉取下，略切備用。

2 將〔A〕放入調理機打碎。

3 加入萊姆汁、蝦夷蔥、香料海鹽與胡椒調味。

4 可佐以核桃鄉村麵包或法國長棍食用。

在歐洲，尤其是北歐，煙燻魚鮮非常普遍，新鮮現燻者可以料理成主菜，也可以直接當開胃
冷食。這回Phoebe把它做成抹醬，加點檸檬來解膩，並增加層次感，是道簡單又大獲好評的
開胃佳品。

DEEP FRIED ZUCCHINI BLOSSOMS

酥炸乳酪節瓜花

烹飪器具

調理機、油炸鍋1支、牙籤

材料

節瓜花 約8朵

麵糊
- 全蛋 1顆
- 麵粉 80g
- 啤酒或水 100c.c.
- 帕美善乾酪（刨成粉狀） 30g
- 薄荷葉（Mint，切碎） 12片

內餡
- 瑞可塔乳酪（Ricotta cheese） 200g
- 蒜頭 2瓣
- 小菠菜（切碎） 30g
- 歐式香腸（亦可省略） 1條

香料海鹽 適量
胡椒 適量

做法

1 準備一支油炸鍋，熱油備用。

2 將節瓜花的內蕊摘掉，葉片撕開一邊（方便填餡），稍加清洗後擦乾備用。

3 製作〔麵糊〕：先將蛋打散，依序放入麵粉等其他麵糊材料，用打蛋器攪拌均勻。

4 製作〔內餡〕：所有內餡材料用調理機均勻打碎，並以香料海鹽和胡椒調味。

5 將內餡填入花苞內（開口處用牙籤封住）。

6 裹上麵糊，下油鍋炸至焦黃（這款麵糊不怕炸焦，但炸至焦黃需要多一點時間，請用中大火油炸且不時翻面，直到均勻上色）。

摘除的蕊

歐洲一年四季都見得到節瓜的蹤影，是常見的家庭食材。我格外喜歡黃節瓜，它的口感較綠節瓜而甜，切成長片直接烙烤，口感勝過清炒或燉菜，而節瓜花更是深受我們的喜愛。節瓜花開在清晨太陽出來前的微涼氣溫下，農人們總在開花時搶摘，然後放入塑膠盒裡保存。節瓜可分雌、雄，內蕊接著小節瓜的是雌瓜，價錢較高。節瓜花通常以酥炸為多，而加入啤酒調出來的麵糊特別酥脆，但我今天嘗試只以水調，仍然脆口，唯酥脆感維持時間較短些（但3分鐘就被掃光，哪需在乎那麼多？哈！）。

AVOCADO CREAM CHEESE DIP

酪梨乳酪醬

烹飪器具

調理機

材料

　　酪梨（去核，將果肉取出後略切）　1顆
　　紅洋蔥（切丁）　20g
　A　奶油乳酪　175g
　　乾辣椒（切碎）　1小匙
　　薄荷葉（切碎）　7片
萊姆（榨汁）　半顆
香料海鹽　適量
胡椒　適量

做法

1　將〔A〕全切碎或放入調理機打碎。

2　加入萊姆汁、香料海鹽與胡椒調味。

3　可佐配義式脆麵包條（Grissini）、玉米脆片或法國長棍食用。

多收藏一些派對點心食譜絕對是必要的，但什麼樣的食譜值得收藏呢？建議你可以掌握兩項要點：一是食材隨手可得，二是美味且具新意。當你需要的時候，信手拈來就能變出美味，是不是又神又帥氣呢？這款開胃小點採用營養又高貴的酪梨，除了混入奶香和鮮檸的芬芳外，還以薄荷來畫龍點睛，包準一口接一口（拍完照後，我家的大、小男人圍著餐桌專注秒殺，而大廚只有兩根的配給，就知道它有多好吃了）。

MUSHROOMS FILLED WITH SEMI-DRY TOMATOES IN OIL
AND PARMESAN CHEESE

烤填餡大蘑菇

烹飪器具

烤箱、烤盅1個

材料

大蘑菇（切掉蒂頭，切碎） 6個
西芹（西芹削皮後切小丁） 半支
紅蔥頭（切碎） 1瓣
蒜頭（切碎） 1瓣
油漬風乾番茄（Semi-dry tomatoes in oil，切碎） 50g
核桃（剝碎）30g
巴西利（Parsley，切碎） 25g
帕美善乾酪（磨碎） 15g
橄欖油 2大匙
鹽 適量
胡椒 適量

做法

1 烤箱以200℃預熱10分鐘。

2 將所有材料切碎混合後，加入橄欖油拌勻，再拌入核桃碎（亦可用調理機全部打碎，但須採「間斷式」打碎法，避免過爛）。

3 將2.的混合料填入大蘑菇中，撒上帕美善乾酪後放入烤箱烤至焦黃上色即可（約需5分鐘）。

臺灣擁有龐大的吃菇一族，蕈菇料理之所以受到大家喜愛，主要是因為它具有百搭不敗的特質。填入多種不同風味蔬菜與香料的大蘑菇，出爐後香氣四溢，鮮甜多汁，融化的帕美善乾酪鹹香濃郁，氣味誘人。這道便於製作的輕食開胃菜，是你忙碌生活中的最佳選擇，把蘑菇送進烤箱後，還可以趁此時做道義大利麵，豐富你的一餐。

蜂蜜羊乳酪火餤薄餅

烹飪器具

烤箱

材料

酥皮　1張
羊乳酪（Goat cheese，切片）　120g
蜂蜜　40c.c.
核桃（剁碎）　20g
青葡萄（剖半）　60g
鹽　適量
胡椒　適量

做法

1　以200℃預熱烤箱至少10分鐘。

2　將烤盤紙鋪在烤盤裡，依序放上酥皮、羊乳酪、青葡萄、核桃，淋上一半的蜂蜜，並撒上適量的鹽和胡椒調味。

3　放入烤箱烤20分鐘左右至焦黃上色，取出後再將另一半的蜂蜜淋上即可，趁熱食用。

隨著溫度升高，濃郁綿密的羊乳酪在充滿奶油香酥的千層酥皮上慢慢化開，伴著核果、青葡萄與蜂蜜堆疊出的豐富甜美香氣，在炎炎夏日胃口不好的時候，是道愉快又開胃的簡單輕食，可隨時滿足口腹之慾，喚醒味蕾！相信你會喜歡！

菠菜水波蛋佐荷蘭醬與綠蘆筍

烹飪器具

平底鍋1支、湯鍋1支

材料

綠蘆筍（削皮後取用前2/3段） 4支　　法國長棍（切片） 2片
蒜頭（切碎） 1瓣　　　　　　　　　無鹽奶油 10g
菠菜（切段） 80g　　　　　　　　　橄欖油 半大匙
蛋 2顆　　　　　　　　　　　　　　核桃油 適量
鹽 1小匙　　　　　　　　　　　　　肉豆蔻粉（Nutmeg） 適量
白醋 1小匙　　　　　　　　　　　　鹽之花 適量
荷蘭醬（市售） 1盒　　　　　　　　胡椒 適量

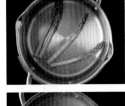

做法

1　在平底鍋中放入奶油和橄欖油加熱，轉中火炒香蒜頭，再加入
　　菠菜拌炒，然後加入1大匙的水，最後加鹽之花和胡椒調味。

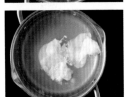

2　在湯鍋中注入半鍋水，加入1小匙鹽煮滾，放入綠蘆筍，以小
　　火煮約2分鐘，取出沖冷水後瀝乾水分。

3　同鍋加入1小匙的白醋，打入蛋包，煮約2分鐘成水波蛋，取出
　　瀝乾水分備用。

4　在麵包上依續放上菠菜、水波蛋，淋上荷蘭醬、核桃油，再撒
　　上肉豆蔻、鹽之花和胡椒調味，與綠蘆筍一同食用即可。

咬一口春天的氣息吧！順應時節冒出土的鮮嫩綠蘆筍與菠菜，搭配白嫩中透著金黃的水波蛋
與香濃荷蘭醬，不只營養滿分，一上桌就讓人食指大動。可是……要做出漂亮的水波蛋似乎
有點難？其實只要在水中加點醋，一步一步慢慢來，就能輕鬆上手。

玉米芫荽煎餅佐薄荷酪梨醬

烹飪器具

烤箱、調理機

材料

A
| 玉米粒 160g
| 青蔥（切小丁） 15g
| 芫荽（切小丁） 10g（預留2支做裝飾用）
| 蛋（打散） 1顆
| 中筋麵粉 65g
| 泡打粉 8g
| 橄欖油 2大匙
| 鹽 適量
| 胡椒 適量

薄荷酪梨醬
| 酪梨（去核切塊） 75g
| 薄荷（切碎） 10g
| 芫荽（切碎） 10g
| 萊姆（汁） 半顆
| 小洋蔥（切碎） 55g
| 塔巴斯科辣椒醬（Tabasco sauce） 2小匙
| 橄欖油 1大匙
鹽 適量
胡椒 適量

做法

1 烤箱以150℃預熱至少10分鐘，鋪上烤盤紙備用。

2 將〔A〕混合均勻，靜置10分鐘後做成圓餅狀。

3 將〔薄荷酪梨醬〕的材料混合（亦可放入調理機打碎），加入適量的鹽和胡椒調味。

4 將2.放入烤箱，以150℃烤約10分鐘，再以200℃烤5分鐘至焦黃色。

5 取出後略微放涼，佐以薄荷酪梨醬食用。

最偉大的料理來自大自然，每種食材皆有其個性和風味。香菜、青蔥、芫荽等是家庭常用辛香料，不只能提味，還能成就一道餐桌上的美味料理，令人眼睛一亮、為之振奮呢！佐搭的薄荷酪梨醬不但營養健康，滋味更是令人清爽愉悅，每一口都是來自大自然的獻禮。

BOURGOGNE SNAILS

布根地烤田螺

烹飪器具

烤箱、平底鍋1支、田螺烤盅1～2個

材料

田螺（Snails） 70g
橄欖油 1大匙
紅蔥頭（切碎） 1個
白酒 40c.c.
鹽 適量
胡椒 適量
蒜香奶油醬 ｜ 有鹽奶油（室溫） 80g
　　　　　 紅蔥頭（切碎） 8g
　　　　　 蒜頭（切碎） 8g
　　　　　 巴西利（切碎） 16g
帕美善乾酪（切碎） 適量
法國長棍 1條

做法

1 烤箱以200℃預熱至少10分鐘。

2 取一平底鍋，放入1大匙橄欖油加熱，放入紅蔥頭和田螺拌
　 炒，再加入白酒，以中火煮約2分鐘後加入鹽和胡椒調味。

3 製作〔蒜香奶油醬〕：奶油拌入紅蔥頭、蒜頭、巴西利，並加
　 入適量的鹽和胡椒調味（亦可放入調理機打碎）。

4 將田螺放入烤盅內，填上蒜香奶油醬，再撒上帕美善乾酪，放
　 入烤箱烤約6分鐘至焦黃色。

5 食用時將田螺取出，佐配法國長棍。

布根地烤田螺是一道製作簡便又面子十足的宴客前菜，烤田螺Q彈夠味，蒜香奶油醬濃郁誘
人，是大人、小孩都愛的經典法國料理。喔！別忘了多準備一點麵包，蘸著蒜香奶油醬吃，
著實令人吮指回味。一想到端出這道菜的滿室香氣和大家的驚呼聲，你是不是也躍躍欲試
了呢？

GRATIN DAUPHINOIS

法式焗烤蘋果馬鈴薯

烹飪器具

烤箱、烤盅、醬汁鍋1支

材料

馬鈴薯（切薄片） 1顆
蘋果（切薄片） 半顆
蒜頭（切末） 2瓣
無鹽奶油 20g
牛奶 50c.c.
烹調用鮮奶油 100c.c.
肉豆蔻粉 1小匙
鹽 適量
胡椒 適量

做法

1 烤箱以200℃預熱至少10分鐘。

2 將馬鈴薯放入電鍋中，用半杯水蒸半熟後切片。將馬鈴薯與蘋果片放入烤盅，呈玫瑰狀排列，再放上蒜末和奶油。

3 將牛奶、鮮奶油、肉豆蔻粉、鹽和胡椒一起加熱煮滾，再轉小火煮3分鐘，然後倒入2.中，入烤箱烤約20分鐘，使之呈焦黃狀。

肉豆蔻籽

在法國家喻戶曉的法式焗烤蘋果馬鈴薯與法國人的生活密不可分，配菜、主餐兩相宜。這道料理洋溢著濃郁的奶香，而肉豆蔻的特殊風味加上蘋果的酸甜調和了原有的奶膩感，也讓層次更為豐富！

另外要提醒大家，在製作焗烤料理時，要將烤盅置於上架位，不需要調整上、下火力，尤其是使用小烤箱的話，根本沒有上、下火之分，利用調整「架位」來調整燒烤的程度便是一個小小訣竅，學起來了嗎？

韃靼生牛肉

烹飪器具

調理機、圓形模1個

材料

牛菲力 120g

| 洋蔥（切碎） 20g
| 酸豆（切碎） 20g
A 酸黃瓜（切碎） 15g
| 蝦夷蔥或巴西利香葉（切碎） 1g
| 萊姆或檸檬汁 半顆

橄欖油 1.5大匙（視情況調整）

鹽之花 適量

胡椒 適量

做法

1 將牛菲力和〔A〕切碎，或者全部略切成塊狀或段狀，
　再放入調理機裡打碎（最好使用分段慢打的方式，以
　求均勻）。

2 拌入橄欖油，並加鹽之花和胡椒調味（視個人口味增
　減）。

3 將肉餡填入圓形模，再放上蛋黃。

4 可搭配長棍（或鄉村麵包）和沙拉食用。

曾經在網路上看到網友抱怨在巴黎點的牛肉竟是生肉，不禁讓我回想起我的韃靼生牛
肉初體驗。當年初至法國學習時，曾跟著老師在里昂知名大牧場的千人餐廳裡初嘗其
滋味，一人份約800g如山般的新鮮溫體韃靼生牛肉矗立眼前，可以想像我當時反胃的
程度。

韃靼生牛肉的原文是Tartare de boeuf，其中Tartare是指在塔塔醬中拌入剁碎的生牛肉
或羊肉，與洋蔥、酸豆等解膩食材混合食用，爾後Tartare成了生肉料理的代名詞，所
以怕吃生食的朋友要記住Tartare這個字，以免誤點。

韃靼生牛肉原本是開胃菜，但由於分量大，也常被當作主菜食用。它也是少數法國桌
邊料理的名菜之一，可依個人口味客製化拌料的分量。欣賞服務人員專業嫻熟的調製
手法，也是用餐的一大樂趣，樂於嘗鮮的朋友不妨試試看。

PÂTÉ DE CAMPAGNE

家常豬肉醬

烹飪器具

小湯鍋1支、調理機、玻璃密封罐1個

材料

梅花肉（切大塊） 100g

豬五花肉（切大塊） 200g

A

洋蔥（切塊） 1／4個

白酒 30c.c.

月桂香葉 2～3片

白胡椒粒 1小匙

紅蔥頭（切碎） 2顆

蒜頭（切碎） 1顆

擇使用 蝦夷蔥（切碎） 15支

義大利香葉（取下葉片切碎） 2株

百里香（Thyme，取下葉片） 3株

鹽水漬綠胡椒粒 1小匙

橄欖油 3大匙（視情況調整）

粗海鹽 適量

胡椒 適量

做法

1 將豬肉、〔A〕和些許鹽以冷水烹煮，煮滾後轉小火煮至軟爛。

2 將肉取出瀝乾，與其他材料一起放入調理機中打碎（最好分段慢打，以求均勻）。

3 同時拌入橄欖油，並加粗海鹽和胡椒調味。

4 可裝入密封罐內冷藏5天（須盡速食用）。

5 可搭配長棍（或鄉村麵包）和沙拉食用。

這款經典的法國鄉村肉醬運用了油漬封存法，那是人類最古老的保存方法之一。這道料理有著婆婆媽媽們的獨家祕方，蘊含濃濃的愛與家的味道，做起來放冰箱，食用時搭配麵包或沙拉，就是簡便又美味的一餐。

巴黎餐酒館
與我

巴黎餐酒館之於我，是大腦記憶庫裡的美好儲存。

習藝法國之初，餐酒館成了我習得法國料理的民間學苑。在那裡，我了解何謂法國菜，也學習認識食材、學習法文、學習點餐搭配、學習餐桌禮儀、學習法國人如何生活，更堆疊了無數與法國朋友們的美好往事。餐酒館，儼然成了我入門時的生動教科書，在此反覆操練、反覆學習，是我深入了解法國不可或缺的重要之所。

餐酒館之於巴黎，是一道別緻的人文風景。

餐酒館不但是巴黎傳統、人文和歷史的展場，更是巴黎人的真實生活。若你以為法國料理的精髓盡在星級餐廳裡的銀製餐具和深宮酒窖，那就大錯特錯了，其實餐酒館裡多的是高手，不論是經典菜餚或創意料理，都能帶領你用味蕾來認識巴黎。

餐酒館之於巴黎，是一首浪漫香頌，也是一幅最美的圖畫。

在這自成一格的小世界裡，迎來世界各地湧入的人們，各自有著自己的故事，也許是公務，也許是旅行，也許是

上圖左為Grand Coeur的主廚Nino，下圖左為ANONA的主廚Thibaut。

短暫的放逐，在此時匯聚於此地，心裡或多或少都在試圖尋找一點點浪漫，或是等待一次美麗的邂逅，或是發現不一樣的自己。在這裡，總會不由自主的妝扮自己，也許一個轉身，在一家家或熟悉或陌生的餐酒館裡粉墨登場，找到自己或那個他，互成彼此的巴黎風景，一夜又一夜。這是只有在巴黎才會有的際遇，才會有的浪漫，也是巴黎最吸引人的地方之一。

餐酒館之於巴黎，是一種愜意且更貼近現實生活的存在。

拋開在高級餐廳用餐的束縛，在這裡可以大口吃肉、大口喝酒、高聲暢談，可以盡情放緩腳步，發呆欣賞著窗外的美景（路上的帥哥和靚女隨處可見）。來到這兒，請務必拋開主流飲食的規範和箝制，將所有的規矩、細節和華麗行頭全扔在門外，扔在那個無趣又常態的現實世界裡，這樣，你才能好好的享受巴黎。

坦白說，一般的巴黎人較少上館子消費，因為難得為之，所以他們對餐廳的挑剔絕對超過大家的想像，從開始決定上館子，到菜色、價錢、酒單、餐廳氣氛、口碑等樣樣馬虎不得。每回與巴黎朋友們吃飯，都得駐足在餐廳門口看菜單，而且一家挑過又一家，我早就習以為常了。在這兒悄悄告訴你，一般觀光區的餐酒館絕不是巴黎人的選擇。你問，不然要去哪裡找？不妨學學巴黎人好好研究門口的菜單，眼觀四面，鼻嗅八方，穿梭巴黎巷弄，來場美食大探險。

總而言之，到巴黎不上餐酒館體驗一番，別說你到過巴黎！

來到這兒，請務必拋開主流飲食的規範和箝制，
將所有的規矩、細節和華麗行頭全扔在門外，扔在那個無趣又常態的現實世界裡，
這樣，你才能好好的享受巴黎。

CHAPTER

2

沙拉

對於法國人來說，
任何信手拈來的蔬果皆可變成一盤美味沙拉，
而多吃沙拉更是現代人攝取蔬食營養最便捷的方式，
但要如何搭配出豐富的營養和美味可是一門大學問呢！

彩色番茄沙拉佐羅勒百里香與茄子雙冰砂
Colored tomatoes, basil, thyme sorbet, aubergine
餐廳 ⋯⋯ Accents   主廚 ⋯⋯ Romain Mahi & Ayumi Sugiyama

酪梨藍莓羊乳酪沙拉

烹飪器具

無

材料

酪梨（去核後挖出肉，切成塊狀） 1個
藍莓 100g
羊乳酪 60g
綜合生菜沙拉 80g
松子 12g

油醋汁
橄欖油 3大匙
蘋果醋 2大匙
黑加侖果漿（Crème de Cassissée） 2大匙
糖 半大匙
鹽 適量
胡椒 適量

做法

1 將〔油醋汁〕的材料全部混合均勻。

2 將綜合生菜沙拉與藍莓、羊乳酪盛盤，淋上油醋汁，撒上
松子即可。

酪梨的營養價值眾所皆知，不但有單元不飽和脂肪酸，更富含維生素。加了黑加侖果漿特調
的油醋汁，為沙拉增添了甜蜜的莓果香味。酪梨的油脂、藍莓的微甜和羊乳酪的濃郁奶香，
使這道沙拉不僅健康，更是美味滿分！

GRAPE, TARRAGON SALAD
WITH MACADAMIA

葡萄茵陳蒿夏威夷果仁油沙拉

烹飪器具

無

材料

紅、綠葡萄（切半） 120g
茵陳蒿（Estragon，切段） 4支
綜合生菜沙拉 80g
夏威夷果仁油 3大匙
萊姆或檸檬（汁） 半顆
核桃（剝碎） 30g
鹽 適量
胡椒 適量

做法

1 將3大匙夏威夷果仁油、萊姆汁加鹽和胡椒調味成為油醋汁。

2 將沙拉葉、茵陳蒿、葡萄盛盤，再淋上油醋汁、撒上核桃即可食用。

茵陳蒿嘗來微苦、微甜，又含有類似茴香的微辣，氣味十分特別，廣受法國人喜愛，常被用在燉菜、煮湯或醬汁中，但我偏愛做成沙拉「生食」，快速引爆味蕾的新奇感，讓整道料理活蹦亂跳起來。大家一定要試試看，見識茵陳蒿的獨特魅力。

法國鴨胸捲肥肝沙拉

烹飪器具

平底鍋1支、小竹籤

材料

法國鴨胸（將鴨胸斜片成數片） 1片
法國鮮肥肝（橫切條塊狀） 50g
綜合生菜沙拉 80g
小菠菜葉 數片
松子 12g

油醋汁
橄欖油 2大匙
陳年紅酒醋 1.5大匙
糖 1.5大匙
鹽 適量
胡椒 適量

做法

1 在鴨胸片上鋪上小菠菜、放上肥肝，以鹽和胡椒稍作調味後捲成圓筒狀，插上竹籤。

2 取一平底鍋，放入少許的油加熱，將鴨肉捲以中火煎至焦黃，起鍋前撒入適量的鹽和胡椒調味。

3 將〔油醋汁〕的材料混合，稍加攪打成濃稠狀備用。

4 在沙拉葉上淋上油醋汁、撒上松子拌勻後盛盤。

5 放上鴨肉捲即可。

鴨料理在法國菜裡有著舉足輕重的地位，而肥肝之於法國人的重要性更是無庸置疑（個人認為相較鵝肝，鴨肝更帶勁，價格也更親民些）。這道料理的味覺和口感自是一絕，再加上講究的擺盤，讓沙拉瞬間高貴起來！

ZUCCHINI SPAGHETTI SALAD
WITH PASSION FRUIT

節瓜百香果義大利麵沙拉

烹飪器具

義大利麵條刨果器

材料

節瓜（刨成麵條狀） 70g
百香果（將果肉挖出備用） 1顆
百里香（摘下葉片） 4支
葡萄乾 20g
蜂蜜 1大匙
金桔（切片去籽） 5顆
夏威夷果仁（Macadamia，切半） 20g
萊姆或檸檬（汁） 1／3顆
夏威夷果仁油（橄欖油亦可） 2大匙
香料海鹽 適量
胡椒 適量

做法

1 將夏威夷果仁油、萊姆汁、百香果肉和蜂蜜混勻，再加入香料海鹽和胡椒調味成醬汁。

2 節瓜盛盤，拌入葡萄乾、百里香、金桔和夏威夷果仁，再淋上醬汁即可。

這是一道大人和小孩都會喜歡，而且可以一起下廚玩樂的美味沙拉。除了風味特殊外，刨成麵條狀的節瓜更是新奇有趣，連口感都產生了不一樣的變化，而百香果則將這道沙拉的風味提升至另一個層次，是一道適合春、夏的清爽料理。

FENNEL BULBS, GRAPEFRUIT
AND DATE SALAD

茴香頭葡萄柚椰棗沙拉

烹飪器具

平底鍋1支

材料

綜合生菜 80g

茴香頭（Fennel bulbs，切絲） 90g

葡萄柚（去皮膜，取瓣） 1個

椰棗（Date，去核，切角狀） 6個

愛曼塔乾酪（Emmental cheese，切丁） 60g

松子 20g

巴薩米克白酒醋（White balsamic vinegar） 1大匙

橄欖油 4大匙

糖 半大匙

蜂蜜 2大匙

鹽 適量

胡椒 適量

做法

1 將葡萄柚果瓣用半大匙的糖醃漬半小時。

2 將松子放在平底鍋中以小火烘烤上色，再取出放涼。

3 同鍋放入1大匙橄欖油加熱，以小火把茴香炒軟上色。

4 將剩餘橄欖油、巴薩米克白酒醋和蜂蜜混勻，並加鹽和胡椒調
味，做成醬汁。

5 將生菜沙拉等盛盤，最後撒上松子和醬汁即完成。

葡萄柚的維生素C含量驚人，還可幫助代謝有毒物質，提升抗氧化力，抗癌、抗發炎的功能
也很顯著，是我相當喜歡的水果之一，也是我的招牌果醬裡不可或缺的食材。這款沙拉裡還
含有自然香甜又纖維豐富的椰棗，與氣味獨特的大茴香共譜美好風味，是道料豐味美且健
康百分百的沙拉。

小菠菜迷迭香柳橙沙拉

烹飪器具

平底鍋1支

材料

小菠菜 80g
蘑菇（切片） 150g
柳橙（剝皮，去膜，取出果瓣） 1顆
檸檬（汁） 1顆
紅洋蔥（切絲） 60g
蒜頭（切碎） 1瓣
迷迭香（Rosemary，摘下葉子切碎） 1支
核桃 15g
陳年紅酒醋（Aged red wine vinegar） 1大匙
糖 1.5大匙
橄欖油 3.5大匙
鹽 適量
胡椒 適量

做法

1 柳橙果瓣加入半大匙的糖醃漬半小時。

2 將核桃用小鍋稍微烘烤後取出放涼，然後剁碎。

3 同鍋放入半大匙橄欖油加熱，將蒜頭和蘑菇以中火煎至焦黃後取出備用。

4 將剩餘的橄欖油、陳年紅酒醋和迷迭香加糖調勻，再加入鹽和胡椒調味做成醬汁。

5 將菠菜盛盤，撒上洋蔥絲、蘑菇片，排上柳橙果瓣，淋上醬汁與核桃即可。

菠菜不僅冷、熱食皆宜，料理手法變化多端，其抗氧化力和鉀離子還能幫助穩定血壓，中和過多的鈉，是我先生經常指定食用的蔬菜；柑橘類水果清爽香甜中帶著微酸，富含維生素C和纖維質，是注重身材窈窕的我喜愛的水果之一。吃沙拉除了要吃健康，還得夠美味才行，而這款小菠菜迷迭香柳橙沙拉就是一道兩者兼顧的好沙拉喔！

柳橙雞胸肉花生風味沙拉

烹飪器具

烤箱、平底鍋1支

材料

雞胸肉　1塊
柳橙（剝皮，去膜，取出部分果瓣，其餘榨汁）　1顆
蒜頭（切碎）　1瓣
綜合沙拉葉　80g
花生或任何核果均可　20g
花生醬　2大匙
橄欖油　4大匙
白酒醋（White wine vinegar）　1大匙
糖　半大匙
鹽　適量
胡椒　適量

做法

1　將烤箱以200℃預熱至少10分鐘。

2　雞胸肉加鹽和胡椒醃10分鐘後捲成圓筒狀備用。

3　將橄欖油、花生醬、柳橙汁、白酒醋和糖拌勻，並加鹽和胡椒
　　調味，即成沙拉醬汁。

4　取一平底鍋加熱，將花生稍微烘烤後取出放涼。

5　同鍋放入1大匙橄欖油加熱，放入雞胸肉，將各面煎至焦黃上
　　色。

6　將煎好的雞胸放入烤箱烤約6分鐘至熟，取出後以鋁箔紙（霧
　　面朝向肉）蓋住，靜置3分鐘再切片。

7　沙拉葉盛盤，再依序放上所有食材，澆淋醬汁即可。

甜蜜的水果醬汁一向都是雞肉的好搭檔，所以我利用富含維生素C的柳橙來搭配鮮嫩的烤雞
肉，並在醬汁中融入了高抗氧化的花生，不僅讓營養加分，還讓口感更酸甜順口。想吃沙拉
又怕太單調嗎？這道沙拉便是你的最佳選擇，也是輕食主義者兼顧攝取低脂、高纖和維生
素的好夥伴。

杏鮑菇蔓越莓芝麻菜沙拉

烹飪器具

小平底鍋1支

材料

芝麻菜（Arugula salad）與小菠菜　80g
培根（切碎）　80g
蒜頭（切碎）　1瓣
杏鮑菇（切斜片）　150g
蔓越莓乾（Cranberry，切碎）　20g
橄欖油　4大匙
法式芥末醬（Dijon mustard）　4小匙
陳年紅酒醋　4大匙
鹽　適量
胡椒　適量

做法

1　取一平底鍋，放入半大匙的橄欖油加熱，放入培根和蒜頭拌炒至焦香，加入少許的鹽和胡椒調味。

2　同鍋再放入半大匙的橄欖油，將杏鮑菇以中火煎至焦黃。

3　將另外3大匙橄欖油和陳年紅酒醋、法式芥末醬混合，並加鹽和胡椒調味，成為醬汁。

4　將沙拉食材依序排盤，再澆淋醬汁即可。

 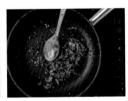  

芝麻菜的氣味獨特，接受度因人而異，多半得在高級餐廳才能品嘗到，而且價格往往讓人卻步。這道沙拉不只混合了重口味的食材，也混合了生、熟食材，而其中的蔓越莓果扮演著重要的提味效果。這道富含纖維素又低熱量的沙拉，吃起來很有飽足感，非常適合有三高的朋友們食用。

帕瑪火腿鮮橙蘆筍沙拉

烹飪器具

小平底鍋1支

材料

綜合生菜 80g
帕瑪火腿或任何風乾火腿（Dry cured ham，切絲） 6片
奧勒岡（Oregano）或百里香（摘下葉子） 4支
葡萄柚或柳橙 1顆
白（綠）蘆筍（去皮，滾刀切段） 5支
蘋果醋 1大匙
橄欖油 3大匙
糖 半大匙
鹽 適量
胡椒 適量

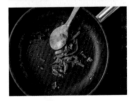

做法

1 將葡萄柚果瓣用半大匙的糖醃漬半小時。

2 在平底鍋中放入1大匙橄欖油加熱，放入蘆筍以中火煎熟（可加點水煮一下），再加入少許的鹽和胡椒調味後取出。

3 同鍋加入半大匙橄欖油，以中火將火腿煎至焦香，取出瀝油，放冷備用。

4 將蘋果醋、1.5大匙橄欖油、鹽和胡椒混勻成沙拉醬汁。

5 將沙拉食材依序排盤，再澆淋醬汁即可。

帕瑪生火腿的絕佳風味適合各種料理與烹調，冷食、熱炒都美味，與蘆筍同場搭檔尤為常見。這裡還加了具有天然抗氧化功能的葡萄柚，可以幫助排毒、修復黏膜，還能養顏美容，滿足我們愛美的需求。我們要靠吃天然、吃健康來保養自己，體內環保做得好，身體健康自然就美麗自信囉！

水蜜桃風乾火腿水牛乳酪沙拉

烹飪器具

小平底鍋1支

材料

水蜜桃（紅又熟為佳，去皮切角片）1顆
風乾火腿（捲成花形）6片
水牛蒙佐力拉乳酪（切塊）1個
薄荷葉（切絲）10片
芝麻菜與小菠菜 80g
松子 20g
特級橄欖油 3大匙
陳年紅酒醋 1大匙
糖 半大匙
鹽 適量
胡椒 適量

做法

1 將糖拌入水蜜桃中醃漬10分鐘。

2 取一平底鍋加熱，將松子稍微烘烤，取出放涼。

3 將橄欖油、紅酒醋、鹽和胡椒混勻成醬汁。

4 將芝麻菜、小菠菜和薄荷葉混合盛盤，再依序排上水蜜桃、火腿卷和水牛蒙佐力拉乳酪。

5 撒上松子、澆淋醬汁即可。

大家都知道多吃蔬果有益健康，而多吃沙拉則是現代人攝取蔬食營養最簡便的方式，但如何搭配出豐富的營養和美味可是一門大學問呢！夏季盛產的水蜜桃甜香多汁，並富含葉黃素、玉米黃素，具有修復受損細胞、減少自由基生成的功效，搭配松子中的維生素E和單元不飽和脂肪酸，為現代忙碌的上班族提供豐富的抗氧化成分。

甜梨石榴乳酪沙拉

烹飪器具

平底鍋1支

材料

西洋梨（去皮切角狀） 1顆
紅石榴（Pomegranate，剝出果粒） 160g
杏仁角 20g
水牛蒙佐力拉乳酪（切片） 80g
綜合生菜沙拉 80g
蜂蜜 2大匙
橄欖油 3大匙
白酒醋 1大匙
鹽 適量
胡椒 適量

做法

1 取一平底鍋加熱，將杏仁角稍微烘烤後，取出放涼。

2 將橄欖油和白酒醋、蜂蜜混合，並加鹽和胡椒調味，成為沙拉醬汁。

3 將沙拉葉、紅石榴、杏仁角盛盤，放上西洋梨和乳酪，再淋上醬汁即可。

 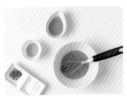

記得當年在巴賽隆納知名的聖荷西市場（Mercat de Sant Josep）裡，初嚐紅石榴的鮮美滋味便為之傾心。雖然紅石榴在歐洲的價錢也不低，但不時總要買一、兩顆來解相思。然而，剝石榴卻是一樁麻煩事，索性「懶」，也就省下不少錢，哈哈！紅石榴和西洋梨是抗氧化的兩大寶，西洋梨更是控制血糖的聖品，搭配些許堅果是我最愛的吃法，對於最近承受龐大壓力的我來說，這是最好的抗壓料理。為了健康下廚是值得的！

ENDIVE FILLED WITH PEAR AND BLUE CHEESE SALAD

苦苣填甜梨藍紋乳酪沙拉

烹飪器具

小平底鍋1支

材料

苦苣（Endive） 1顆
西洋梨（去皮切丁） 1顆
鮮奶油 2大匙
鞏根佐拉藍紋乳酪（Gorgonzola cheese） 90g
核桃 20g
蜂蜜 2大匙
橄欖油 1大匙
鹽 適量
胡椒 適量

做法

1 苦苣去蒂頭，再一葉葉剝開清洗後瀝乾。

2 取一平底鍋加熱，將核桃稍微烘烤後取出，放涼後剁碎。

3 藍紋乳酪加入鮮奶油攪拌均勻，拌入西洋梨丁和少許的鹽和胡椒調味。

4 將乳酪餡填入苦苣葉後排盤，淋上橄欖油和蜂蜜，再撒上核桃碎即可。

形狀猶如一艘小船的苦苣清脆爽口，含有豐富的葉酸和維生素A，能維護血液品質，並有助神經傳導的健全，雖然口感略苦，但不失為一個健康又優雅的食材。這道沙拉微苦、香甜、脆口又多汁，讓你一次享有多重滋味，拿來當作宴客菜也非常體面，你一定不能錯過。

希臘沙拉

烹飪器具

無

材料

A
- 菲塔羊乳酪（Feta cheese，切塊）　60g
- 薄荷葉（摘下葉片切絲）　15g
- 黑橄欖（Black olive）　50g
- 牛番茄（切角狀）　100g
- 小洋蔥（切絲）　120g
- 奧勒岡（摘下葉片）　3支

檸檬（汁）半顆

橄欖油 3大匙

香料海鹽 適量

胡椒 適量

做法

1 將橄欖油和檸檬汁混合，並加香料海鹽和胡椒調味，成為沙拉醬汁。

2 將〔A〕混合，再淋上醬汁即可。

迷人的愛琴海、熱情的陽光與面海靠山的藍瓦白屋……特有的希臘風情總是讓人愛戀，但希臘料理卻少有變化，多以番茄、橄欖、優格、乳酪等為基礎加減乘除，雖非主流、非時尚，但簡單、健康、有力。番茄和洋蔥能提高身體抵抗自由基的能力，搭配橄欖中的健康油脂和乳酪的濃醇風味，使得這道希臘沙拉成為素食者最清爽健康的選擇。

綠扁豆羊乳酪蘑菇沙拉

烹飪器具

平底鍋1支、小湯鍋1支、濾網1個

材料

蘑菇（切片） 80g
紅甜椒（去籽切塊） 90g
綠扁豆（Green lentils） 80g
蘿蔓生菜（Romain lettuce，切成適口的大小） 60g
羊乳酪（切小塊） 80g
橄欖油 3.5大匙
法式芥末醬 5g
蘋果醋 1大匙
鹽 適量
胡椒 適量

做法

1　在小湯鍋中放入水和少許鹽煮滾，放入綠扁豆加蓋以小火煮
　　軟，然後倒入濾網中略沖冷水，再瀝乾放冷。

2　在平底鍋中放入半大匙的橄欖油加熱，放入蘑菇和紅甜椒以中
　　火煎至焦黃，再加些許的鹽和胡椒調味備用。

3　將3大匙橄欖油、蘋果醋和法式芥末醬混合，並加鹽和胡椒調
　　味，成為沙拉醬汁。

4　將蘿蔓生菜盛盤，放上綠扁豆、蘑菇和紅甜椒，撒上乳酪塊，
　　再淋上醬汁即可。

深受歐洲人喜愛的扁豆用途廣泛，可做湯，可成泥，可燉煮當配菜，還可做沙拉，口感綿
密，美味程度絕不輸給薯泥。而大受國人喜愛的蘿蔓是凱薩沙拉專用蔬菜，口感鮮脆，外型
優雅，並擁有豐富的維生素C和β胡蘿蔔素，搭配羊乳酪中的鈣質和綠扁豆中的鎂，絕對是
心血管疾病族群的優質沙拉首選喔！

SALADE DES TOMATESE

鄉村沙拉

烹飪器具

無

材料

大紅番茄（或綠番茄，切片） 150g
紅蔥頭（切碎） 20g
義大利香芹（摘下葉片切碎） 5g

油醋汁
｜ 精緻橄欖油 3大匙
｜ 紅酒醋或新鮮檸檬汁 半顆
｜ 第戎芥末醬 1小匙
｜ 鹽 適量
｜ 胡椒 適量

做法

1 將番茄片、紅蔥頭和義大利香芹混合排入盤中。

2 再將〔油醋汁〕攪打至濃稠狀，淋在沙拉上即可。

對於法國人來說，沙拉是不可或缺的餐點，任何信手拈來的蔬果皆可變成一盤美味沙拉。除了葉菜類沙拉外，就屬番茄沙拉最為常見，簡單、營養又好吃是它受歡迎的原因，想要把番茄沙拉做好，買個上好的番茄至為重要。另外，法國人愛紅蔥頭如癡（不要問我為什麼，猶如我們愛用蔥、薑、蒜吧），無論是拌在沙拉裡生吃，或是製作高級醬汁，都不可或缺。如果你想瞭解法國料理，不如就從這盤沙拉開始吧！

SALADE NICOISE

尼斯沙拉

烹飪器具

無

材料

新鮮生菜沙拉葉 80g
水煮蛋（一開四） 2顆
番茄（一開四） 50g
洋蔥（切圈） 30g
甜椒（去籽切條） 50g
朝鮮薊（切塊） 30g
油漬鮪魚肉 120g
油漬番茄（切條狀） 120g
法式酸豆 15g
鯷魚 6條
黑橄欖 30g
蝦夷蔥 適量

油醋汁
精緻橄欖油 3大匙
紅酒醋 1大匙
蒜頭（切碎） 1瓣
紅蔥頭（切碎） 1瓣
鹽 適量
胡椒 適量

做法

1 把〔油醋汁〕材料攪打至濃稠狀。

2 將其他材料混合排入盤中，淋上油醋汁。

豔陽暖照的地中海是我學習法國菜的故鄉，充滿很多難忘的回憶與故事，它的特殊氣候孕育了豐富的物產，誕生不少膾炙人口的經典料理，而尼斯沙拉便是其一。這道沙拉富含蛋白質與蔬菜，營養豐富，通常一盤沙拉兩人分食剛剛好，是旅行法國必吃美食，同時也是省荷包的最佳選擇之一。

餐酒館
葫蘆裡賣的是……

關於餐酒館的起源眾說紛紜，但總脫離不了巴黎，然而傳說中的第一間餐酒館竟不是法國人開的！？

據說第一間餐酒館出現在十八世紀，時值俄羅斯人占領巴黎期間，他們把 Bistroquets 小酒館們散立在巴黎的各大街頭，Bistroquets 演變至今就成了 Bistro。更有加碼爆料指出，據說當時俄羅斯的哥薩克人總是喊著：「Bystro！Bystro！」催促服務生們快點！快點！久而久之，人們就把這類餐館稱為 Bistro。

另有一說，認為 Bistro 也可能是由「Bistrouille」這個字轉變而來，這是當地的一款開胃咖啡利口酒（Bistrouille）。

還有人說，Bistro 最初來自巴黎公寓地下室的廚房。房東們為了增加額外收入，於是提供自家的廚房給房客們使用，或是乾脆供應簡單的餐食，就是類似民宿的概念。姑且不論 Bistro 的複雜身世如何，這外來語直到十九世紀左右才被法國人所接受，廣泛使用至今。

簡單來說，最初餐酒館是一種結合了酒吧和咖啡館的餐廳，提供傳統或當地的料理，以簡單、快速和適中的價格為巴黎人或全世界的旅者提供心靈和口腹的填補，也是認識巴黎的開始。在此，可以輕鬆自在的吃頓好餐、喝杯小酒，哪怕只是點上一杯咖啡、讀一下午的書，都沒人會給你眼色看，更可隨意的跟服務生們聊聊天，或與鄰桌客人自由攀談。這在巴黎實在是件稀鬆平常的事，自然，舒服，讓人沉溺，也許這正是它的魅力所在。

❶ 飲用水，免費的！❷ 生牛肉冷盤。❸ 到巴黎必吃的巴黎海鮮盤。❹ 韃粗魚。❺ 餐前酒 Kir。
❻ 餐酒館也是喝咖啡的好地方。❼ 反烤蘋果塔。❽ 肋眼牛排加紅酒燉洋蔥醬汁。❾ 紅色是巴黎餐酒館常見的基調。

CHAPTER

3

湯品

歐陸料理中的湯品大致可分為濃湯和清湯，
不僅有暖心的熱湯，甚至還有沁心涼的冷湯，
更有鹹、香、甜、辣、酸……千百種滋味，
這麼多美妙好湯等著你嘗鮮，
還不起快洗手做羹湯？

紅蘿蔔柳橙冷湯／優格／芒果冰砂
Gazpacho of carrot and orange／Joghurt／Mango sorbet
餐廳……GrandCœur　主廚……Nino La Spina

CELERY AND POTATO SOUP

西芹馬鈴薯濃湯

烹飪器具

平底鍋1支、小湯鍋1支、調理機或均質機

材料

A
- 蒜頭（切碎） 2瓣
- 芫荽（摘下葉子） 12支
- 紅洋蔥（切丁） 60g
- 紅辣椒（去籽後切碎） 12g
- 西芹（去皮，切塊） 80g
- 馬鈴薯（去皮，切塊） 約80g

雞高湯 500c.c.
烹調用鮮奶油 80c.c.
橄欖油 2大匙
鹽 適量
胡椒 適量

做法

1 在平底鍋中放入2大匙的橄欖油加熱，將〔A〕的所有材料依序加入鍋中拌炒至焦香上色。

2 加入雞高湯煮滾後以小火加蓋續煮約20分鐘至軟爛。

3 將湯料打碎，再慢慢調入鮮奶油續煮3分鐘。

4 最後以鹽和胡椒調味，並加以裝飾即可。

過度精緻的飲食對健康沒有好處！應該多多食用五穀雜糧、高纖類蔬果或不去皮的根莖類食物，可以幫助消化吸收、加強排毒、維持健康。這款Phoebe為大家設計的營養湯，材料易取、做法簡單，只要30分鐘便可完成美味又滿足的一餐，還能維持身體健康、體態輕盈，誰不愛？

番茄紅椒檸檬優格濃湯

烹飪器具

平底鍋1支、小湯鍋1支、調理機或均質機

材料

A
| 大紅番茄（切丁） 80g
| 紅甜椒（去籽後切丁） 80g
| 洋蔥（切丁） 80g
| 蒜頭（切碎） 1瓣
雞高湯 500c.c.
檸檬（先刨皮再擠汁） 半顆
原味優格 80c.c.
橄欖油 2大匙
鹽 適量
胡椒 適量

做法

1 在平底鍋中放入2大匙橄欖油加熱，先將洋蔥炒軟，再放入
〔A〕的其他材料拌炒至焦香。

2 將1.移入湯鍋中，加入雞高湯煮滾，再以小火加蓋續煮20分鐘
至食材軟爛。

3 把湯料打碎，再加入優格和檸檬汁加熱煮滾，以鹽和胡椒調味
即可食用。

這道湯品以番茄為底，再摻入紅椒和洋蔥的鮮甜，以及檸檬的微酸清香，不僅滋味清爽，還
有滿滿的茄紅素，能夠提高抗氧化力，並降低膽固醇，一兼二顧，好處多多。喜愛番茄料理
的我，特別喜歡這道湯品微酸微甜的滋味，而且我有「不怕胖」配方——以優格取代鮮奶
油，讓我能夠放膽多喝兩碗。認識了這麼美味的健康好湯，趕快做湯去吧！

蘋果紅甜菜濃湯

烹飪器具

平底鍋1支、小湯鍋1支、調理機或均質機

材料

A
洋蔥（切塊） 50g
小蘋果（切塊） 100g
紅甜菜（Beetroot，切塊） 120g
茴香籽（Fennel seeds） 半大匙
蒔蘿（Dill，切碎） 10支
雞高湯 500c.c.
烹調用鮮奶油 80c.c.
橄欖油 1.5大匙
無鹽奶油 10g
鹽 適量
胡椒 適量

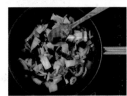

做法

1 在平底鍋中放入橄欖油和奶油加熱，再將〔A〕加入炒至焦香。

2 加入雞高湯煮滾，再以小火加蓋續煮20分鐘，至食材軟爛。

3 加入蒔蘿和鮮奶油，須邊加邊攪拌，再以小火續煮3分鐘。

4 最後加鹽和胡椒調味，並加以裝飾即可。

紅甜菜不只可以做沙拉冷食，還可以入湯、搗成泥當配菜、製作醬汁等，是百搭的好食材，廣受歐洲人喜愛，而臺灣近年來養生話題當道，紅甜菜富含植化素和鐵質，最適合壓力大的現代人食用，在生機飲食中占有一席重要的地位。但紅甜菜帶有輕微土味，不喜歡的人可以避免生食，或透過與其他食材的搭配來去除它，如這款湯品便是善用茴香籽和蒔蘿的強烈香氣，以及紅蘋果的微酸感，來減輕紅甜菜的土味，同時還能增加濃湯的鮮美與層次。

CELERY, PEAR AND CINNAMON SOUP

西芹甜梨肉桂濃湯

烹飪器具

中型平底鍋1支、小湯鍋1支、調理機或均質機

材料

薑（切碎） 5g
洋蔥（切絲） 80g
西芹（切丁） 200g
西洋梨
（去皮切丁，另留少許切條狀） 200g
肉桂粉 2小匙
肉豆蔻粉 1小匙
雞高湯 400c.c.
烹調用鮮奶油 3大匙
波特酒 50g
萊姆汁 1/3顆
松子 6g
無鹽奶油 1小匙
橄欖油 2大匙
鹽 適量
胡椒 適量

做法

1 在平底鍋中放入奶油和橄欖油加熱，將洋蔥絲和薑末炒軟至焦黃。

2 加入西芹和西洋梨續炒2分鐘，再加入肉桂粉和肉豆蔻粉拌勻。

3 加入雞高湯煮滾，以小火加蓋續煮至軟，再將湯料取出。

4 將3.的湯料打碎後回鍋煮滾，再調入鮮奶油、波特酒和萊姆汁，最後加鹽和胡椒調味。

5 盛盤後放些甜梨條、松子和適量的肉桂粉即可。

甜梨也能入湯？有點難想像？告訴你喔，它的滋味甜而不膩，又很開胃，還隱藏著多種重量級香料、波特酒和萊姆的酸……相信你沒嘗過這等滋味，不下廚一試怎麼知道呢？

小茴香甜薯湯

烹飪器具

中型平底鍋1支、小湯鍋1支、調理機或均質機

材料

薑（切片） 3片
紅薯（切塊） 380g
櫻桃番茄（在底部切小十字痕） 150g
咖哩粉 5g
雞高湯 500c.c.
椰奶 125c.c.
小茴香粉 8g
小茴香籽 2g
無鹽奶油 10g
橄欖油 1大匙
鹽 適量
胡椒 適量

做法

1 在平底鍋中放入奶油和橄欖油加熱，將薑片和紅薯塊炒至焦香。

2 加入咖哩粉和小茴香粉拌炒。

3 加入雞高湯煮滾，再轉小火加蓋續煮至軟。

4 將紅薯塊撈出2／3的量，放入調理機中打碎，再回鍋煮滾。

5 加入剩餘的紅薯塊、櫻桃番茄和椰奶煮滾，最後加入鹽和胡椒調味。

6 盛盤後放上小茴香籽增添風味。

大多數的臺灣人對紅薯都愛不釋手，因此我創作了這款簡單、充滿異國情調又甘甜的濃湯，讓大家一飽口福。在這道湯品之中，我加入了一向偏愛的小茴香，它的特殊香氣讓新疆燒烤、中東料理散發濃郁而神祕的風味，運用在這道湯品之中，恰似一記巧妙的回馬槍，讓美味的記憶在舌尖上永恆停留。

GREEN PEAS, ZUCCHINI AND MINT SOUP

青豆節瓜薄荷濃湯

烹飪器具

中型平底鍋1支、小湯鍋1支、均質機

材料

青豆仁　200g
節瓜（切片）　200g
馬鈴薯（切片）　50g
薑（切末）　3g
雞高湯　400c.c.
烹調用鮮奶油　3大匙
萊姆汁　1／3個
彩色胡椒（切小丁）　少許
薄荷葉（留2片裝飾用）　10片
無鹽奶油　10g
橄欖油　2大匙
鹽　適量
胡椒　適量

做法

1　取一平底鍋，放入奶油和橄欖油加熱，放入節瓜和薑末慢
　　炒至軟。

2　加入青豆和薄荷葉拌炒。

3　加入雞高湯煮滾，再以小火加蓋續煮到食材軟爛，然後將
　　其打碎。

4　回鍋煮滾，再調入鮮奶油和萊姆汁，並以鹽和胡椒調味。

5　盛盤後加入薄荷葉和些許彩色胡椒粒裝飾即可。

好友的生日隨著春天的腳步到來，於是煮了這款綠意盎然的湯品為兩位好友慶生，春天的意
象在鍋中一覽無遺，讓大夥吃得讚嘆連連。除了用綠來烘托春天，還要賦予它個性，因此薄
荷和彩色胡椒發揮了作用，讓湯裡不但春光明媚，更展臂迎向夏天，萬物甦醒，青春洋溢！

DOUBLE CHEESE.
SAFFRON AND SEAFOOD SOUP WITH BREAD BOWL

雙乳酪番紅花海鮮麵包湯

烹飪器具

中型平底鍋1支、大湯鍋1支、小湯鍋1支、調理機或均質機

材料

```
    蒜頭（切碎） 2瓣
    紅蘿蔔（切小丁） 70g
A   青蒜（切碎） 70g
    西芹（切小丁） 70g
```
麵粉 1大匙
蘑菇（切片） 50g
薑 2片
綜合海鮮 200g
番紅花粉（Saffron） 2g
葛瑞爾乳酪（Gruyere cheese，切塊） 30g
愛曼塔乾酪（絲） 30g
雞高湯 500c.c.
烹調用鮮奶油 50c.c.
萊姆或檸檬（汁） 半顆
硬質圓形歐包 2個
無鹽奶油 10g
橄欖油 2大匙
鹽 適量
胡椒 適量

做法

1 取一小湯鍋，放入水、鹽和2片薑煮滾，再加入
  海鮮料快速燙熟後取出沖水瀝乾。

2 取一平底鍋，放入半大匙橄欖油加熱，將蘑菇炒
  至乾且焦黃後取出（可略加鹽和胡椒調味）。

3 在大湯鍋中加入奶油和其餘的橄欖油，再將
  〔A〕和番紅花粉加入拌炒至焦香。

4 加入麵粉拌勻，再加入雞高湯煮滾，轉小火加蓋
  續煮至軟。

5 調入鮮奶油和萊姆汁後將海鮮回鍋煮滾，並加入
  鹽和胡椒調味。

6 盛盤前再放上雙乳酪和炒蘑菇。

7 將圓麵包的1／3處切開，挖掉部分內裡，做成
  碗，把湯填入即可食用。

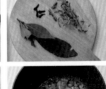

換個喝湯的方式吧！此乃食之趣也。這道湯品以麵包盛裝，嘗來別有一番風味。
葛瑞爾和愛曼塔乳酪是乳酪火鍋（Cheese fondue）的主角，而我把火鍋變成濃湯，並加入多
彩的蔬菜、豐富的海鮮和調色的番紅花，製成了這道充滿趣味、營養滿點又帶點奢華的湯
品，尤其是濃稠牽絲的乳酪與吸飽滿滿湯汁的麵包，不只深受小朋友喜愛，連大人也很難抵
擋它的誘惑。

印度坦都番茄扁豆濃湯

烹飪器具

平底鍋1支、湯鍋1支、調理機或均質機

材料

紅番茄（切塊） 200g
紅扁豆（Red lentils） 70g
薑（切碎） 20g
蒜頭（切碎） 2瓣
洋蔥（切丁） 60g
坦都粉（Tandoori） 1大匙
雞高湯 400c.c.
原味優格 150g
芫荽（摘下葉片切碎） 12支
無鹽奶油 20g
葵花油 1大匙
鹽 適量
胡椒 適量

做法

1 在平底鍋中放入奶油和半大匙的葵花油加熱，把洋蔥、薑和蒜頭用小火炒至焦香，再加入坦都粉拌炒均勻。

2 再加入半大匙的葵花油，以中火續炒扁豆、番茄和芫荽約1分鐘。

3 將2.移到湯鍋裡，加入雞高湯煮滾，再加蓋以小火煮至軟爛。

4 將食材打碎（最好保留部分口感）。

5 將4.回鍋加熱，再加入優格、鹽和胡椒調味。

6 將湯盛盤，配以切碎的芫荽葉裝飾即可。

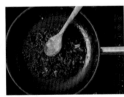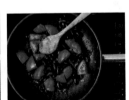

印度料理不僅有股迷人的辣勁，還有一種由多樣香料所激盪出的神祕色彩，使其獨樹一格，深受世人喜愛。這道好喝的湯品富含優質蛋白質和茄紅素，熱量少少卻很有飽足感。不妨再利用坦都粉和印度辣椒粉醃漬雞肉，做個烤雞串佐優格醬，就能搭配成一組套餐。在家吃頓印度料理其實很簡單！

TROPICAL CHILI SPICY COCONUT AND PINEAPPLE SOUP

南洋風辣味椰奶鳳梨濃湯

烹飪器具

平底鍋1支、湯鍋1支、調理機或均質機

材料

鳳梨（切丁，預留些許裝飾用） 120g
芫荽（摘下葉片切碎，預留些許裝飾用） 5支
白芝麻（預留些許裝飾用） 1.5大匙

A
｜ 薑（切碎） 25g
｜ 紅蔥頭（切碎） 1顆
｜ 蒜頭（切碎） 1瓣
｜ 小辣椒（切碎） 1條

雞高湯 300c.c.
香茅 1根
椰奶 100c.c.
檸檬（榨汁） 1顆
葵花油 2大匙
鹽 適量
胡椒 適量

做法

1 在平底鍋中放入1大匙的葵花油加熱，放入鳳梨丁，以中火煎炒2分鐘，再撒入芫荽碎和白芝麻拌炒後取出備用。

2 同鍋再加入1大匙的油，將〔A〕以小火拌炒至焦香。

3 將1.和2.移入湯鍋，加入雞高湯、椰奶和香茅煮滾，再以小火加蓋續煮約20分鐘至軟。

4 把湯料打碎，起鍋前加入檸檬汁、鹽和胡椒調味。

5 將湯盛盤，放上鳳梨丁、白芝麻和芫荽葉裝飾即可。

這道以鳳梨為基底的湯品，運用了南洋料理特有的香茅、檸檬、優格和芫荽等食材，看似洋溢南洋風情，實則大不相同，風貌新奇有趣。更厲害的是，這道湯品還兼顧營養、高纖、助消化與低脂少負擔，讓你享受美食同時不必「斤斤計較」，喜歡東南亞料理的朋友們務必下廚一試。

OAT MILK SOUP WITH CHESTNUTS

栗子燕麥牛奶濃湯

烹飪器具

中型平底鍋1支、小湯鍋1支、均質機

材料

熟栗子（略切） 150g
洋蔥（切絲） 50g
馬鈴薯（切片） 50g
雞高湯 150c.c.
原味或無糖燕麥牛奶 350c.c.
烹調用鮮奶油 3大匙
肉桂粉 2小匙
葵花籽 6g
核桃油 1大匙
橄欖油 1大匙
鹽 適量
胡椒 適量

做法

1 在平底鍋中放入1大匙橄欖油加熱，放入洋蔥和馬鈴
　薯炒軟上色。

2 加入栗子略炒後加入雞高湯大火煮滾，再以小火加蓋
　續煮至軟。

3 將2.的湯料均勻打碎，回鍋加熱，再調入燕麥牛奶和
　鮮奶油，用大火煮滾，續以小火煮5分鐘。

4 加鹽和胡椒調味後盛盤，淋上核桃油，撒上肉桂粉和
　葵花籽即可。

這道湯品以馬鈴薯和雞湯為基底，加上栗子增添綿密高貴的口感與氣質，再利用燕麥牛奶
取代鮮奶油，使湯品更濃醇、更健康，最後還特別加入肉桂，讓層次感更形豐富，風味更顯
獨特與新鮮。很好奇這道湯品究竟是什麼樣的滋味吧？那就趕緊下廚體驗它！

菠菜燻鮭魚濃湯

烹飪器具

平底鍋1支、湯鍋1支、調理機或均質機

材料

洋蔥（切丁） 50g
馬鈴薯（切丁） 70g
菠菜（2g切絲作裝飾用，其他切段） 70g
法式芥末籽醬（Whole grain mustard） 1大匙
雞高湯 400c.c.
烹調用鮮奶油 100c.c.
煙燻鮭魚切塊或捲成玫瑰花形 約3片
無鹽奶油 10g
橄欖油 1大匙
鹽 適量
胡椒 適量

做法

1 在平底鍋中放入橄欖油和奶油加熱，放入洋蔥和馬鈴薯，以中火炒至焦黃，再加入菠菜拌炒均勻。

2 將1.移入湯鍋，加入雞高湯、法式芥末籽醬煮滾，再以小火加蓋燉煮約20分鐘至爛。

3 把湯料打碎，加入鮮奶油煮滾，再續煮2分鐘，最後以鹽和胡椒調味。

4 將湯盛盤，放上燻鮭魚和菠菜絲裝飾即可。

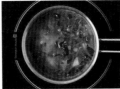

法式的菠菜濃湯是高質感湯品！這款用多種蔬菜和菠菜打成的濃湯，加入了很多朋友喜歡的燻鮭魚，讓濃湯擁有別具層次的風味與口感，並且匯集了Omega-3脂肪酸、天然鐵劑和深綠色蔬菜的營養素，讓你喝了健康又美麗。

GREEN VEGGIE SOUP

綠自然冷湯

烹飪器具

調理機或均質機

材料

A
綠節瓜（Green zucchini，切丁） 60g
西芹（削皮後切丁） 60g
薄荷葉（切絲） 10片
巴西利（摘下葉片略碎） 3支
羅勒（Basil，摘下葉片略切） 15片
蒜頭（拍碎，去皮） 1瓣

水 280c.c.
芒果醋 60c.c.
松子 5g
橄欖油 2大匙
糖 40g（可視個人喜好增減）
鹽 適量
胡椒 適量

做法

1 將〔A〕加糖和一半的水放入調理機裡打碎。

2 再加入剩下的水、芒果醋、橄欖油繼續攪打均勻。

3 最後加入少許的鹽和胡椒調味，食用時可加入松子。

炎夏之日，無論動靜皆汗如雨下，沒有冷飲似乎難以度日，更別說喝碗熱湯！同樣怕熱的西班牙人用各種不同風味的冷湯（Gazpacho）來抗暑，就像我們的蔬果汁一般。除了五顏六色的新鮮蔬果，還得以當地盛產的優質橄欖油入湯，才算得上是合格的冷湯。在西班牙的超市總能找到各種不同口味的瓶裝冷湯，方便沒時間下廚的人，也撫慰了眾多炎夏沒食慾的胃口，其便利性和受歡迎的程度由此可見一斑。我愛冷湯，所以在二十年前剛展業時就推出了著名的西班牙杏仁冷湯，算是臺灣少數的冷湯先驅者，雖然當時多數的人還無法接受喝「冷」湯，卻不失為一創舉，直到現在仍有許多客人與我津津樂道這件美好往事呢！

CARROT, PASSION FRUIT AND YOGURT SOUP

薑味紅蘿蔔百香果優格濃湯

烹飪器具

平底鍋1支、小湯鍋1支、調理機或均質機

材料

洋蔥（切丁） 100g
薑（切丁） 25g
紅蘿蔔（切丁） 100g
雞高湯 500c.c.
紅椒粉 4g
百香果（挖出果肉） 1或2顆
芫荽（摘下葉片） 10支
烹調用鮮奶油 50c.c.
原味優格 100c.c.
橄欖油 半大匙
鹽 適量
胡椒 適量

做法

1 在平底鍋中放入半大匙的橄欖油加熱，放入洋蔥、薑、紅蘿蔔炒至焦黃有香氣。

2 移入小湯鍋中加入雞高湯煮滾，轉小火加蓋續煮約20分鐘（必須全部煮軟）。

3 將芫荽與湯料混合後打碎，繼續加熱，再放入百香果肉、紅椒粉、鮮奶油和優格續煮2分鐘。

4 最後用鹽和胡椒調味、裝飾即可。

為不愛吃紅蘿蔔的人（尤其是小朋友們）做這道湯品吧！
大多數的朋友都知道紅蘿蔔富含維生素A，其實百香果也一樣，都是護眼和維護肌膚健康的最佳營養素，還能為紅蘿蔔湯增添微微的酸甜感，所以最近用眼過多、運動量零的我常做此湯來補充營養。想讓你的雙眼明亮有神嗎？來一碗薑味紅蘿蔔百香果優格濃湯吧！

辣根蒔蘿培根濃湯

烹飪器具

中型平底鍋1支、小湯鍋1支、調理機或均質機

材料

A	薑（切絲） 3片
	馬鈴薯（切片） 150g
	青蒜（切碎） 200g
	辣根（切薄片） 35g
	（另備15g用於4.）
	肉豆蔻 1大匙

雞高湯 400c.c.
烹調用鮮奶油 100c.c.
萊姆或檸檬（汁） 1/3顆
蒔蘿（切碎） 3g
培根（切條） 50g
無鹽奶油 1大匙
橄欖油 2大匙
鹽 適量
胡椒 適量

做法

1 在平底鍋中放入1大匙的橄欖油加熱，放入培根，以中小火慢煎至焦黃，取出後放在廚房紙上吸掉多餘油分備用。

2 同鍋放入奶油和1大匙橄欖油加熱，再將〔A〕依序加入拌炒，然後加入雞高湯煮滾，轉小火，加蓋續煮至軟。

3 將湯料打碎，調入鮮奶油、萊姆汁、蒔蘿煮滾，再以小火煮5分鐘。

4 最後加鹽和胡椒調味，盛盤後放上脆培根和現磨的辣根食用，風味絕美。

辣根

宛若新鮮山葵的辣根與炭烤德國香腸真是絕配！我相當喜歡辣根衝辣的滋味，把它與奶油湯品搭配在一起，效果特別出色，成了整道湯的亮點，喝它個兩、三碗都不夠呢！

辣味西芹杏仁佐西班牙臘腸濃湯

烹飪器具

平底鍋1支、湯鍋1支、調理機或均質機

材料

西芹（切丁）　60g
紅辣椒（切碎）　10g
杏仁（碎）　30g
洋蔥（切丁）　60g
蒜頭（切碎）　1瓣
雞高湯　400c.c.
檸檬（先刨皮末後榨汁）　半顆
西班牙臘腸（Chorizo，切丁）　100g
烹調用鮮奶油　100c.c.
橄欖油　2大匙
鹽　適量
胡椒　適量

做法

1　在平底鍋中放入半大匙的橄欖油加熱，將臘腸丁以小火煎2分
　　鐘，以鹽和胡椒稍微調味後取出備用。

2　同鍋再加入1.5大匙的橄欖油加熱，放入洋蔥和蒜頭小火拌炒1
　　分鐘，續放入紅辣椒、西芹、杏仁，以小火拌炒至焦香。

3　將2.料移入湯鍋，加入雞高湯煮滾，以小火加蓋續煮20分鐘至
　　軟爛。

4　將湯料打碎後加熱，再拌入鮮奶油（須邊攪拌）、檸檬汁和皮
　　末，再煮2分鐘，最後以鹽和胡椒調味。

5　將湯盛盤，放上臘腸丁和裝飾即可。

適合周末再不狂歡就會悶到發瘋的你！
這道讓人心情奔放的濃湯，綴上讓人食慾大開的辣味西班牙臘腸，宛若置身巴賽隆納，品嘗
著令人停不下來、熱情如火、充滿致命吸引力的塔帕斯（Tapas）般，保證齒頰留香，意猶
未盡！

FRENCH ONION SOUP

法式洋蔥湯

烹飪器具

大湯鍋1支、烤箱、耐熱湯碗

材料

洋蔥（切絲）　280g
蒜頭（碎）　2瓣
培根（切條）　50g
麵粉　1大匙
百里香（摘下葉片）　3支
月桂葉　2片
牛高湯　500c.c.
白蘭地　30c.c.
鄉村麵包或長棍（切片）　數片

愛曼塔乳酪絲　50g
無鹽奶油　1大匙
橄欖油　3大匙
鹽　適量
胡椒　適量

做法

1 在大湯鍋中加入奶油和1大匙橄欖油加熱，再加入蒜頭和培根炒至焦香。

2 加入洋蔥絲，用中大火煸炒至脫水，並呈焦黃色。

3 加入百里香、月桂葉和麵粉，與洋蔥料充分炒勻。

4 加入牛高湯煮滾，轉小火加蓋續煮至軟，最後加入白蘭地、鹽和胡椒調味。

5 盛入耐熱湯碗中，放上切片的麵包，鋪上乳酪絲，放入烤箱烤至焦黃色即可。

洋蔥湯不只是法國菜中的經典，更是我的法國料理萌芽之作——我從傑哈老師那裡學來的第一道菜，有著深厚且具代表性的情緣。炒洋蔥是這道菜的工夫所在，需要一點耐性和技巧來完成，湯的好壞關鍵也在於此。另外，高級湯品是不打麵糊底的，而是以少量的麵粉拌炒增加其稠度，這是法國料理的另類勾芡法。透過這道湯品，把我的法國料理之初分享給大家！

CELERY AND POTATO SOUP

大蒜乳酪濃湯

烹飪器具

中型平底鍋1支、湯鍋1支、調理機或均質機

材料

	洋蔥（切絲） 150g
A	蒜頭（切片） 60g（另備2顆切片裝飾用）
	麵粉 1大匙

百里香（摘下葉片） 3支
帕美善乾酪（刨成粉狀） 80g
雞高湯或牛高湯 500c.c.
蛋白（打散） 2顆
無鹽奶油 10g

橄欖油 2大匙
鹽 適量
胡椒 適量

做法

1 在平底鍋中放入少許橄欖油加熱，再放入蒜片以中小火
　慢煎至焦黃，取出2顆的量留作裝飾用。

2 將〔A〕的洋蔥加入鍋中炒軟至焦黃色，再拌入麵粉
　（炒到完全看不到粉末才行）。

3 加入高湯煮滾後以小火加蓋續煮至軟爛。

4 將湯料打碎後加入百里香葉。

5 將蛋白打散，再慢慢倒入湯裡，同時攪拌均勻。

6 最後加鹽和胡椒調味。

7 盛盤後放入乳酪粉、蒜片和裝飾即可。

法國料理中沒有勾芡的做法，讓料理濃稠的方式主要是炒麵糊，也就是在炒製過程中
加入適量的麵粉拌炒，再加進高湯燉煮，至於高級醬汁則需恰到好處的濃縮烹製，費
工又費時，但幾千年來愛美食成癮的法國人，奉此傳統為圭臬，且不厭其煩，難怪法
國菜如藝術品般的高貴，舉世聞名。這道非常受歡迎的大蒜乳酪湯，便是一道需要慢
火細熬的經典湯品，經過熬煮的蒜頭不但辛辣味盡失，特殊的香氣與乳酪成了完美組
合，味道濃郁卻又溫潤可口。

走進
巴黎餐酒館

散落在巴黎各處的小酒館多以紅色系為主，或藍或墨綠為輔，白色桌布上襯著可愛的紅色方格紋桌巾，搭配著各式木椅，還有店門口黑板上龍飛鳳舞的每日菜單，構成巴黎餐酒館的視覺印象。

餐酒館的另外一景是「專業的服務生們」。他們的速度敏捷，且多半精通英語，點完餐後立刻風速遞上一籃當日現烤麵包，以及免費的生飲水（記得不必花大錢在昂貴的水資上），也會利用空檔跟你小聊一番，以期了解客人的來歷和背景（咱們也可趁機多了解一些遊覽巴黎的訊息或了解法國的八卦，互相利用，哈）。這串聯服務生、主廚與客人間的精彩互動，構成一幅不矯揉、不做作、自然流洩而美妙的特殊巴黎餐館文化和五感體驗。

如果真要我為巴黎餐酒館下定義，我會說它是一處帶著濃厚個人色彩的小天地。這裡沒有上流餐廳裡的繁文縟節，沒有穿著上的八股講究，只為給喜

錯落街邊的形形色色餐酒館構築了巴黎的迷人印象。

坐在戶外座位欣賞街邊風景是旅行巴黎不可錯過的體驗。

歡享受美食、享受當下、享受一份閒情的巴黎庶民們一種特有的巴黎風情，能夠舒服吃著簡單的家常菜，也能夠品味主廚們心血來潮的創意料理。

最初的巴黎餐酒館甚至只有老闆本人、一名廚師和一名洗碗工的組合，在客人多時，熟客們還會自動自發去拿餐具或倒杯水，偶爾還可能充當臨時服務生應急呢！除了土生土長的店家，後來也湧入了不少外來的大型連鎖餐酒館加入戰場，動輒一、二十位訓練有素的服務生，個個動作迅速、專業又有效率，而且深諳把客人照顧好等於小費輕鬆入袋的道理，但是老巴黎人心中總是藏著自己的最愛，而且一輩子都不會改變對舊愛的依戀。

法國菜一直以來是美食的同義詞，雖然餐酒館與高級餐廳涇渭分明，但自豪的法國人對自己的料理始終深具信心與信仰，相信真正的美食必也能平民化，絕不該是互不相交的兩條平行線，而這些餐酒館才是他們心中最日常的米其林。

除了看菜單點菜，店門口的黑板也能給你不錯的建議。

CHAPTER

4

麵食 & 燉飯

學會Phoebe的義大利麵和燉飯是一定要的！
我致力於美食創作，卻也不忘追求健康窈窕，
因此設計了多款「不怕胖」獨門祕方，
獻給同樣不忍放棄美味的你。

大龍蝦佐布根地默爾索芥末魚子醬醬汁麵
Spaghetti of Lobster／Meursault／Dijon／Caviar／A.O.P. Piment D'espelette
主廚 …… Phoebe Wang

野蘆筍松露薄荷蝦仁乳酪貓耳朵麵

烹飪器具

義大利麵鍋1支、平底鍋1支

材料

新鮮貓耳朵麵（Orecchiette） 220g
野蘆筍（去除尾段，切成3段） 150g
蝦仁（開背去腸泥） 100g
薄荷葉（摘下葉片切絲） 8片
葛瑞爾或馬士卡朋（Mascarpone）乳酪（切塊） 100g
雞高湯 適量
松露（可省略） 10g
蒜頭（切碎） 2顆

松露油 適量
去皮杏仁（切碎） 20g
無鹽奶油 10g
橄欖油 3大匙（註）
帕美善乾酪 隨個人喜好
鹽 適量
胡椒 適量

註：本書所列之橄欖油量均不含煮麵時用油。

做法

1 在義大利麵鍋中注入八分滿的水，加入1小匙的鹽和橄欖油煮沸，將麵放入，加蓋煮滾後以中大火煮3分鐘。

2 取一平底鍋小火加熱，將杏仁碎烘烤約1分鐘，取出備用。

3 同鍋放入3大匙橄欖油加熱，把蒜頭用小火炒香，再放入蝦仁和野蘆筍，以大火快炒。

4 加入貓耳朵麵和乳酪拌勻（可加入適量雞高湯，有助拌勻），再放入薄荷葉。

5 起鍋前加入奶油、鹽和胡椒調味，最後撒上松露、松露油和杏仁碎即完成，食用時可撒些帕美善乾酪增添風味。

這款義大利麵讓你品嘗的是春天的味道！來自法國的野蘆筍，只有當季才吃得到，口感幼嫩、爽脆，與鮮甜的蝦仁搭配可說是相得益彰，再加上薄荷提味，以及濃郁的葛瑞爾乳酪加持，最後還加碼綴以松露，更顯奢華，造就了這道春神也著迷的宴客型義大利佳餚。

檸香培根蛋奶汁麵

烹飪器具

義大利麵鍋1支、平底鍋1支

材料

義大利5號麵（Spaghetti） 200g
蒜頭（切碎） 3瓣
培根（切條） 70g
全蛋 1顆
蛋黃 1顆
烹調用鮮奶油 180c.c.
帕美善乾酪（磨碎） 1.5大匙
檸檬或萊姆（汁） 1顆
香芹（摘下葉片切碎） 3支
無鹽奶油 10g
橄欖油 2大匙
海鹽 適量
胡椒 適量

做法

1　將全蛋和蛋黃混合打勻成蛋汁。

2　把鮮奶油和乳酪攪拌均勻成鮮奶油乳酪汁（稍有結塊無妨）備用。

3　在義大利麵鍋中注入八分滿的水，加入1小匙的鹽和橄欖油煮沸，將麵下鍋，加蓋大火煮滾後續煮6分鐘。

4　取一平底鍋，放入橄欖油加熱，放入蒜頭和培根炒至焦香。

5　加入2.煮滾，再以小火濃縮到一半的量後離火。

6　將1.分成三次慢慢加入，並快速拌勻（避免變成蛋花）。

7　回到爐上，以小火加熱，放入麵條，加入奶油、檸檬汁和香芹碎拌勻，並以鹽和胡椒調味。

8　盛盤，並加以裝飾即完成。

超喜歡奶油蛋汁麵的我，為了保持身材，忍痛不吃它十幾年了。相信不只是我，許多朋友也很愛，當年創店時，它可是人氣料理之一，從加點次數就知道熱賣盛況。傳統的培根蛋汁麵蛋滑、脂香、味濃，讓人食指大動、欲罷不能，但容易膩口、難消化。為了讓培根蛋汁麵能重新回到我的美食清單內，特別設計了這款輕量配方，再佐以青檸解膩，並增添清新風味，讓整道料理熱量減低、風味更提升。不過，奉勸你還是要克制，這款麵一旦入口很難停嘴，雖然已是輕量配方，吃太多還是會胖的。

萊姆胡椒火腿節瓜薄荷麵

烹飪器具

義大利麵鍋1支、小平底鍋1支

材料

義大利5號麵 200g
萊姆胡椒火腿（切小丁） 120g
節瓜（切小丁） 120g
蒜頭（切碎） 3瓣
洋蔥（切小丁） 30g
柳橙（皮末） 1顆
帕美善乾酪 適量
無鹽奶油 10g
核桃油 2大匙
海鹽 適量
胡椒 適量

做法

1 在義大利麵鍋裡注入八分滿的水，加入1小匙的鹽和橄欖油煮沸，將麵下鍋，加蓋大火煮滾後續煮約6分鐘。

2 取一平底鍋，放入奶油和核桃油加熱，放入蒜頭和火腿炒至焦香。

3 放入洋蔥和節瓜，炒乾水分，使之略呈焦黃色。

4 放入麵條拌炒均勻，再加入鹽和胡椒調味。

5 盛盤後刨上柳橙皮末和帕美善乾酪即可。

某天，我意外發現了一款裹著強烈胡椒和青檸萊姆皮末的生火腿，原以為是鹹重口味，嘗起來竟格外的鹹香清雅，讓我立刻買單外，更為它創造出這道清爽卻又讓人驚喜的食譜。除了生火腿外，這道義大利麵還有另一個亮點，那就是柳橙。捨棄檸檬改用柳橙之後，瞬間爆發的果香，打破了義大利麵予人的濃膩奶脂味和火腿、香腸、香料的普遍印象，成為一款雲淡風輕卻又滋味雋永的別緻麵款。喔！對了，今天還用上了先生的新禮物——純正的加州核桃油——來取代橄欖油，濃郁的核果風味為這道料理再加100分！

蒜香鮮菇醬汁鳥巢麵

烹飪器具

義大利麵鍋1支、平底鍋1支

材料

鳥巢麵（Tagliatelle） 200g
蒜頭（切碎） 2瓣
新鮮香菇（綜合菇類更好，切半） 150g
鼠尾草（Sage，切碎） 8g
烹調用鮮奶油 200c.c.
雞高湯或蔬菜高湯 適量
無鹽奶油 20g
橄欖油 2.5大匙
鹽 適量
胡椒 適量

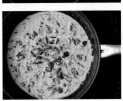

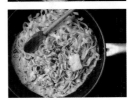

做法

1 在義大利麵鍋中注入八分滿的水，加入1小匙的鹽和橄欖油
　煮沸，將麵放入，加蓋煮滾後以中大火煮約5分鐘（避免過
　爛，須保留麵心）。

2 平底鍋放入2大匙的橄欖油加熱，放入香菇，以中大火拌炒
　至水分蒸發，再加入半大匙橄欖油，將蒜頭和鼠尾草以中火
　炒至焦香。

3 加入鮮奶油和高湯，用中大火煮約半分鐘。

4 放入麵條和奶油拌勻，最後以鹽和胡椒調味、裝飾即完成。

蕈菇的營養豐富，可以抑制膽固醇、促進血液循環、防止動脈硬化、降血壓……益處多不勝
數，而且跳上我家餐桌的機率高達九成。這道鮮菇義大利麵加了高湯和鼠尾草提味，清爽中
仍保有濃醇香，而且既高纖又營養。建議你可以常備多種不同菇類，就可以搭配出美味的無
肉料理，少點外食，多點健康，精神體力自然會更好喔！

AVOCADO AND MULBERRY CREAM RISOTTO

檸香酪梨桑果奶油燉飯

烹飪器具

平底鍋1支、醬汁鍋1支

材料

義大利米（Risotto） 200g
桑葚（將一半的量剖半） 80g
紅蔥頭（大，切碎） 1顆
煙燻培根（切條） 150g
白酒 適量
小卷（切圈） 100g
香草莢（剖半後將籽取出） 半支
牛高湯 360c.c.

烹調用鮮奶油 60c.c.
白蘭地 30c.c.
帕美善乾酪 適量
無鹽奶油 10g
橄欖油 2大匙
鹽 適量
胡椒 適量

做法

1 取一小鍋加入水、少許鹽和白酒煮滾，放入小卷快速汆燙半分鐘後取出沖冷水備用。

2 取一平底鍋，放入2大匙橄欖油加熱，放入紅蔥頭和培根，以中火煎炒至焦黃。

3 續加入米，用中大火煮1分鐘，先加入300c.c.的牛高湯和香草籽煮滾（須加蓋），再以小火燉熟（可視情況增減高湯，其間須不時攪拌，並注意保有米心，切勿過爛）。

4 拌入鮮奶油和白蘭地，最後加入奶油、鹽和胡椒調味。

5 燉飯盛盤，撒上乾酪，放上桑葚和裝飾即可上桌。

很難想像香草和莓果也可以做成燉飯吧？這道燉飯採用上好的煙燻豬五花，具有特殊的油脂香與焦化感，與香草交織出巧妙的新滋味。再破例使用了牛高湯與白肉海鮮的組合，不僅味道協調且更豐富濃郁，起鍋前綴以白蘭地，讓尾韻突出，而桑葚的微酸和果香帶來了強烈的後勁，可說是一道既清爽又別緻的新潮燉飯。

油漬風乾番茄鼠尾草風味
馬鈴薯麵疙瘩

烹飪器具

義大利麵鍋1支、平底鍋1支

材料

馬鈴薯麵疙瘩（Gnocchi di patate） 250g
蒜頭（切碎） 兩瓣
小番茄（剖半） 80g
油漬風乾番茄（切條） 30g
核桃（切碎） 20g
鼠尾草（切絲） 6片
水牛蒙佐力拉乳酪（切塊） 100g
無鹽奶油 20g
橄欖油 3大匙
鹽 適量
胡椒 適量

做法

1 在義大利麵鍋中注入八分滿的水，加入1小匙的鹽和橄欖油煮沸，將馬鈴薯麵疙瘩放入，加蓋煮滾，再以中大火煮3分鐘至漂起，撈出瀝乾備用。

2 取一平底鍋，放入2大匙橄欖油加熱，放入蒜頭、油漬風乾番茄，以中火炒至焦黃。

3 續加入1大匙橄欖油，將小番茄和核桃碎以大火炒半分鐘。

4 加入麵疙瘩、鼠尾草和奶油炒勻。

5 加入鹽和胡椒調味後盛盤，再放上水牛蒙佐力拉乳酪即可。

義式麵疙瘩一直以來深受大家的喜愛，其美味祕訣來自麵疙瘩的Q彈口感和香濃的醬汁。新鮮的鼠尾草香氣獨特迷人，與水牛蒙佐力拉乳酪搭配，顯得風味獨特又協調。加入我和兒子都愛的油漬風乾番茄，讓充滿乳脂的麵條中帶著一絲清爽的酸甜，風味和口感都好得沒話說。

油漬風乾番茄菠菜乳酪
包餡大麵疙瘩

烹飪器具

義大利麵鍋1支、平底鍋1支

材料

包餡大麵疙瘩（Gnocchi） 12顆
蒜頭（切碎） 2瓣
小菠菜 120g
油漬風乾番茄（切條） 60g
瑞可塔乳酪 200g
雞高湯 適量
無鹽奶油 20g
橄欖油 2大匙
鹽 適量
胡椒 適量

做法

1 在義大利麵鍋中注入八分滿的水，加入1小匙的鹽和橄欖油煮沸，將包餡大麵疙瘩放入，加蓋煮滾後以中大火煮約12分鐘。

2 取一平底鍋，放入2大匙橄欖油加熱，放入蒜頭、油漬風乾番茄，以中大火炒香，再加入小菠菜，用大火炒軟。

3 加入瑞可塔乳酪和雞高湯拌勻。

4 加入大麵疙瘩和奶油，再以鹽和胡椒調味，最後加以裝飾即可。

特別喜歡包餡大麵疙瘩的飽滿口感，而且還有松露、牛肝蕈、乳酪等多種風味，怎麼吃都不厭倦，三不五時就要煮來打打牙祭。這一款麵點使用了義大利麵的最佳拍檔，也是我家的最愛——微酸的油漬風乾番茄、鮮嫩綠意的小菠菜和淡雅不膩的瑞可塔乳酪，交融的香氣化在嘴裡久久不散，是充滿濃郁風味的義大利麵，而且簡簡單單就能成就心滿意足的一餐。

地中海風義大利麵

烹飪器具

義大利麵鍋1支、中型平底鍋1支、調理機或均質機

材料

義大利5號麵 200g
蒜頭（切碎） 2瓣
小番茄（去籽切塊） 140g
小辣椒（切片） 1根
綠、黑橄欖（切片） 共50g

青醬
| 蒜頭 2瓣
| 羅勒（摘下葉片） 20片（預留2朵裝飾）
| 帕美善乾酪（略切） 20g
| 橄欖油 5大匙

橄欖油 2大匙
鹽 適量
胡椒 適量

做法

1 將蒜頭、羅勒和乾酪放入調理機中打碎，邊打邊加入橄欖油混合，最後加入鹽和胡椒調味。

2 在義大利麵鍋中注入八分滿的水，加入1小匙的鹽和橄欖油煮沸，將麵放入，加蓋煮滾後以中大火煮15分鐘備用。

3 取一平底鍋，放入2大匙橄欖油加熱，放入蒜頭、小辣椒，以小火拌炒上色後，再加入番茄、橄欖以中火拌炒。

4 拌入麵條和青醬（過乾時可加入些許煮麵水調整），最後加鹽和胡椒調味。

5 盛盤後，將預留的羅勒葉作為盤飾。

這道充滿了地中海陽光和熱情的義大利麵，是我在普羅旺斯初學廚藝美好歲月的記錄。地中海區的特色食材，如大蒜、橄欖、番茄和羅勒等，都不是昂貴高級的食材，但論其美味卻不減分。做這一道麵點一定要記得多加點蒜頭，因為蒜頭的嗆辣勁道與橄欖的濃郁悠長正是這道菜的靈魂所在，不斷續盤是必然的！

TAGLIATELLE WITH MUSHROOMS AND SAUSAGES

蒜香杏鮑菇香腸醬汁鳥巢麵

烹飪器具

義大利麵鍋1支、平底鍋1支

材料

鳥巢麵 200g
蒜頭（切碎） 2瓣
小辣椒（去籽切碎） 1支
香腸（去腸衣後搗碎） 1條
杏鮑菇（切片） 120g
義大利香芹（Italian parsley，摘下葉子切碎） 10g
烹調用鮮奶油 200c.c.
雞高湯 適量
無鹽奶油 20g
橄欖油 2大匙
鹽 適量
胡椒 適量

做法

1 在義大利麵鍋中注入八分滿的水，加入1小匙的鹽和橄欖油煮沸，將麵放入，加蓋煮滾後以中大火煮6分鐘。

2 在平底鍋中放入1大匙橄欖油加熱，放入杏鮑菇，以中火炒至水分蒸發且焦黃上色。

3 加入蒜頭、辣椒拌炒。

4 再放入1大匙橄欖油加熱，放入香腸，以中火拌炒至焦香。

5 加入鮮奶油和雞高湯，煮滾後以中火拌炒約1分鐘。

6 放入麵條和奶油拌勻（可以煮麵水調整乾濕度）。

7 起鍋前加入義大利香芹，並以鹽和胡椒調味。

  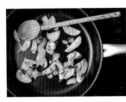 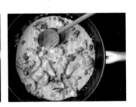

寬而扁平的鳥巢麵，富有嚼勁且適合搭配各種醬汁，尤其適合濃郁的奶油醬料。杏鮑菇與義式香腸肉末在經過蒜頭與辣椒的爆炒後，香辣夠味，讓人食慾大開。杏鮑菇中的麥角硫因是強大的抗氧化劑，能幫助修復受損的細胞，是我家餐桌上的常客。這道義大利麵非常夠味，且大人、小孩都會喜歡，值得你好好學起來，快速就能變出美味的一餐。

PASTA WITH GARLIC AND BACON

香蒜培根義大利麵

烹飪器具

義大利麵鍋1支、平底鍋1支

材料

義大利5號麵　200g
蒜頭（切碎）　3瓣
小辣椒（切片）　1支
培根（切粗條）　100g
羅勒（摘下葉片）　5支（另備2朵裝飾）
無鹽奶油　20g
橄欖油　2大匙
帕美善乾酪　隨個人喜好
鹽　適量
胡椒　適量

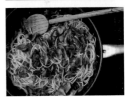

做法

1 在義大利麵鍋中注入八分滿的水，加入1小匙的鹽和橄欖油
　煮沸，將麵放入，加蓋煮滾後以中大火煮6分鐘後備用。

2 取一平底鍋，放入2大匙的橄欖油加熱，再放入培根，以大
　火快炒2分鐘至焦香。

3 放入蒜頭和小辣椒，以中火拌炒2分鐘。

4 拌入麵條和羅勒葉大火快炒，並加入鹽和胡椒調味。

5 再以羅勒葉裝飾即完成，食用時可依個人喜好撒些帕美善
　乾酪。

以蒜頭、辣椒爆炒鹹香培根，香氣四溢，加上微辛的口味刺激味蕾，讓人一口接一口，欲罷
不能。這是一道可以快速上桌又接受度很高的料理，最好能再做一份輕食沙拉，補充每日膳
食纖維，就是完美的一餐。

TAGLIATELLE WITH BEEF, MUSHROOM
AND DIJON MUSTARD

蒜香鴻喜菇芥末牛肉醬汁寬麵

烹飪器具

義大利麵鍋1支、平底鍋1支

材料

菠菜鳥巢寬麵　220g
蒜頭（切碎）　2瓣
小辣椒（去籽切碎）　1～2支
牛柳（切片狀）　150g
鴻喜菇（切除根部清洗瀝乾後剝開）　2盒
烹調用鮮奶油　200c.c.
法式芥末醬　2大匙
牛高湯　適量
香艾菊（Tarrago，摘下葉片切碎）　3支
無鹽奶油　20g
橄欖油　2.5大匙
帕美善乾酪　隨個人喜好
鹽　適量
胡椒　適量

做法

1. 在義大利麵鍋中注入八分滿的水，加入1小匙的鹽和橄欖油煮沸，將麵放入，加蓋煮滾後以中大火煮7分鐘。

2. 取一平底鍋，放入2大匙橄欖油加熱，放入鴻喜菇，以中大火炒至水分蒸發且乾香，再將蒜頭、辣椒下鍋，以大火爆炒一下。

3. 再加入半大匙橄欖油加熱，放入牛柳大火炒約1分鐘至焦香，並加入適量的鹽和胡椒使其入味。

4. 加入牛高湯、鮮奶油和法式芥末醬，用中火煮約半分鐘，放入麵條拌勻。

5. 最後加入奶油，撒上香艾菊，用大火拌炒，加鹽和胡椒調味，並依個人喜好撒上帕美善乾酪。

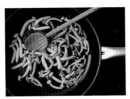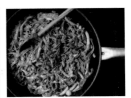

吃過法式芥末與香艾菊組合成的牛柳義大利麵嗎？相信鮮少有人品嘗過此風味，因為這可是我的獨門祕方，不僅風味獨特而罕見，還蘊藏了豐富的營養素，像是可以給你滿滿精力的牛肉，還有富含膳食纖維和多醣體的鴻喜菇（用柳松菇也非常適合），可以提高免疫力，讓你頭好壯壯。還不趕快下廚做做看，這道難得一見的豪華風義大利麵正等著你來嘗鮮喔！

牛肝蕈乳酪燉飯與爐烤奶油番茄

烹飪器具

小烤盅1個、平底鍋1支、烤箱

材料

義大利米 200g

爐烤番茄
　小番茄 80g
　蒜頭（切碎） 1顆
　奶油 20g

蒜頭（切碎） 1顆

紅蔥頭（切碎） 1顆

洋蔥（切丁） 80g

乾燥牛肝蕈
（Dried Porcini，用熱水泡軟後切條狀） 15g

白酒 50c.c.

雞高湯 300c.c.

鮮奶油 60c.c.

帕美善乾酪（刨成粉末狀） 10g

松子 8g

橄欖油 3大匙

鹽 適量

胡椒 適量

做法

1　烤箱以180℃預熱至少10分鐘。

2　將番茄放入小烤盅，加入奶油、蒜頭、鹽和胡椒烤20分鐘。

3　取一平底鍋，以小火加熱烘烤松子至出香氣，取出後放冷。

4　同鍋放入2大匙橄欖油加熱，將牛肝蕈、另一顆蒜頭、紅蔥頭、洋蔥碎以中火炒至焦香。

5　加入白酒和泡菇水以大火煮滾，再以中火濃縮1分鐘。

6　再加入1大匙橄欖油加熱，放入米，以小火拌炒2分鐘。

7　加入雞高湯煮滾後續以小火加蓋燉煮至熟（其間須不時攪拌，仍須保有米心，不可過爛）。

8　加入鮮奶油和帕美善乾酪拌炒均勻，再以鹽和胡椒調味。

9　燉飯盛盤，放上爐烤番茄與松子即可。

牛肝蕈是歐洲料理中經常使用的蕈類，香氣濃厚飽滿，料理花樣豐富，是百搭的食材。這道吸飽牛肝蕈香味的奶油燉飯，配上蒜味奶油烤番茄，濃濃的奶香裡帶著微酸的層次感，滋味巧妙有趣，是道材料簡單卻美味的周末晚餐新選擇。

番茄橄欖酸豆義大利麵

烹飪器具

義大利麵鍋1支、平底鍋1支

材料

寬扁麵（Linguine） 200g
蒜頭（切碎） 2瓣
洋蔥（切小丁） 80g
小辣椒（切末） 1支
油漬風乾番茄（切細條） 32g
乾燥牛肝蕈（用熱水泡軟後切條狀） 15g
酸豆（Caper） 16g
松子 12g
無鹽奶油 20g
橄欖油 2大匙
帕美善乾酪 隨個人喜好
鹽 適量
胡椒 適量

做法

1 在義大利麵鍋注入八分滿的水，加入1小匙的鹽和橄欖油煮沸，將麵放入，加蓋煮滾後以中大火煮約7分鐘。

2 取一平底鍋，放入松子，以小火烘烤約1分鐘，取出放冷。

3 同鍋放入2大匙的橄欖油加熱，將洋蔥、蒜頭、辣椒用小火炒至焦香。

4 放入油漬風乾番茄、牛肝蕈和酸豆大火拌炒。

5 放入麵條大火拌炒均勻，並加鹽和胡椒調味（可用泡菇的水調整乾濕度）。

6 盛盤後撒上松子、帕美善乾酪，並裝飾即可。

酸豆是一種果實，果肉尚未成熟時較酸，成熟後較甜，在許多料理中擔任畫龍點睛的角色。加了酸豆，不但能增加風味和口感，還能去油解膩，好處多多。這道從家裡常備乾貨中取得靈感的美味義大利麵，香氣逼人，滋味滿分。其實，只要運用常見的幾種西式食材，在家就能輕鬆創造好味道，而且吃得更健康、更滿足，這就是我設計這道麵點的用意。

AVOCADO, LEMON RISOTTO

檸香酪梨奶油燉飯

烹飪器具

醬汁鍋1支、小平底鍋1支

材料

義大利米 200g

蒜頭（切碎） 2顆

白酒 100c.c.

雞高湯 360c.c.

酪梨（切丁） 1顆（預留數片裝飾用）

萊姆或檸檬（取皮末後榨汁） 半顆

帕美善乾酪（刨成粉狀） 15g

巴西利（摘下葉片切碎） 5支

腰果 12個

糖煮紅洋蔥｜ 紅洋蔥（小，切絲） 1顆

陳年白酒醋（Aged white wine vinegar） 3大匙

水 60c.c.

糖 2大匙

無鹽奶油 20g

橄欖油 3.5大匙

鹽 適量

胡椒 適量

做法

1 取一醬汁鍋，將〔糖煮紅洋蔥〕的材料和半大匙橄欖油以中火煮滾，再轉小火加蓋續煮20分鐘至軟稠狀後離火備用。

2 取一平底鍋加熱，以小火烘烤腰果1分鐘後取出放冷。

3 同鍋放入3大匙橄欖油加熱，放入蒜頭和米，以中火拌炒約2分鐘。

4 加入白酒，以中大火煮約1分鐘，再逐次加入雞高湯（其間須不時攪拌）。

5 以小火加蓋燉煮至熟（但仍須帶有米心，不可過爛）。

6 加入酪梨、檸檬汁（皮末）與乳酪一起拌勻。

7 最後拌入奶油、巴西利碎，並加鹽和胡椒調味。

8 燉飯盛盤，放上腰果、酪梨片、糖煮紅洋蔥和巴西利裝飾即可。

當酪梨奶脂的香滑綿細遇上糖煮紅洋蔥的甜蜜絲滑，打破了過往的飲食體驗，讓你的口中帶有一抹檸檬的清新微酸，以及充盈齒頰的堅果香氣，保證能滿足你挑剔的味蕾。

牛肝蕈香腸鼠尾草筆尖麵

烹飪器具

義大利麵鍋1支、平底鍋1支

材料

筆尖麵（Penne） 200g
蒜頭（切碎） 2瓣
洋蔥（切丁） 50g
小辣椒（切丁） 1支
香腸（擠出腸衣後搗碎） 1條
乾燥牛肝蕈（熱水泡軟後切條狀） 12g
小番茄（剖半） 120g
鼠尾草（切碎） 4g
帕美善乾酪 隨個人喜好
無鹽奶油 20g
橄欖油 2.5大匙
鹽 適量
胡椒 適量

做法

1 在義大利麵鍋中注入八分滿的水，加入1小匙的鹽和橄欖油煮沸，將麵放入，加蓋煮滾後以中大火煮約12分鐘，須保留麵心，別過軟爛。

2 取一平底鍋，放入2大匙油加熱，放入香腸，以中大火乾煸炒香，再加入半大匙橄欖油，放入蒜頭、小辣椒、洋蔥、番茄，以中火拌炒至焦黃。

3 加入牛肝蕈、泡菇水，以中大火煮半分鐘。

4 加入筆尖麵、鼠尾草和奶油大火拌炒，最後加入鹽和胡椒調味，並依個人喜好撒上帕美善乾酪。

筆尖麵是我年少時的最愛，一來特別有咬勁，二來管內會塞滿濃濃的醬汁，嗯～可以毫無顧忌的吃下一大盤，雖滿足了口腹之慾，但隨之而來的滿滿脂肪……反正年輕，誰管那麼多呢！說到牛肝蕈，還真是便宜又大碗的上好食材，論香氣，絕不輸給貴鬆鬆的羊肚菇，不論拿來做醬汁、蘑菇湯或炒盤義大利麵，光是香氣就讓人折服。這道用了牛肝蕈、香腸肉碎和鼠尾草的義大利麵，只要30分鐘就可完成，雖然做法簡單，但論其風味可一點都不馬虎喔！

QUICHE LORRAINE

洛林鹹塔

烹飪器具

烤箱、平底鍋1支、22cm烤模1個

材料

塔皮
- 低筋麵粉　110g
- 鹽　少許
- 無鹽奶油（切成小塊）75g
- 蛋黃（打散）1顆
- 水　1.5大匙（可視狀況增減）

蛋奶汁
- 烹調用鮮奶油　125c.c.
- 蛋（打散）2顆
- 肉豆蔻粉　2小匙

內餡
- 無鹽奶油　12g
- 培根（絲）75g
- 洋蔥（絲）150g
- 橄欖油　2大匙
- 鹽　適量
- 胡椒　適量

做法

1　烤箱以180℃預熱至少10分鐘。

2　製作〔塔皮〕麵團：

（1）將低筋麵粉和鹽一起過篩入攪拌盆中，在中間做一個凹槽，將奶油塊用手指的溫度與粉類抓勻。

（2）加入打散的蛋汁和水，與粉類慢慢混合。

（3）揉捏至表面光滑後包上保鮮膜，放入冰箱冷藏醒約30分鐘。

3　製作〔蛋奶汁〕：將蛋打散，加入鮮奶油和肉豆蔻粉混勻。

4　在料理檯上撒上麵粉，放上塔皮麵團擀成大薄片，再利用擀麵棍將大薄片捲起鋪放在圓形烤盤上，修飾掉邊緣多餘的麵團。

5　用叉子在塔底戳些氣孔，防止鼓脹。

6　製作〔內餡〕：取一平底鍋，放入奶油和橄欖油加熱，以中火炒培根至焦黃，再放入洋蔥炒軟成焦黃色，加入鹽和胡椒調味後倒入做好的塔皮內。

7　淋上3.，放入烤箱以180℃烤約40分鐘。

鹹塔（派）是法國的國民美食，口味眾多，洋蔥培根口味是經典款，另外鮭魚菠菜或素食的燉蔬菜也都很普遍。美味的鹹塔不只可當點心果腹，也可以當主餐食用，更是野餐時的最佳良伴。學會這道Phoebe的洛林鹹塔是一定要的，塔皮又酥又香，內餡的炒製工法也不馬虎，一入口彷彿置身巴黎街頭，至少，我常藉此思念巴黎。

CROQUE MADAME & CROQUE MONSIEUR

克拉克三明治

烹飪器具

烤箱、醬汁鍋1支

材料

全麥吐司 3片
第戎芥末醬 適量
熟火腿片 2片
乳酪片 1片
帕美善乾酪 適量

└─ 無鹽奶油（切成小塊） 25g
　　麵粉 1.5大匙
　　牛奶 50c.c.
麵糊奶醬 （也可用一半的鮮奶油取代，更香滑）
　　蛋黃（打散） 1顆
　　葛瑞爾或愛曼塔拉乳酪絲 50g
└─ 辣椒粉 少許

無鹽奶油（塗抹用） 適量
鹽 適量
胡椒 適量

做法

1　烤箱以200℃預熱至少10分鐘。

2　製作〔麵糊奶醬〕：

　　（1）將奶油放入醬汁鍋以小火融
　　　　化，再加入麵粉拌炒。

　　（2）離火後慢慢加入牛奶攪拌均
　　　　勻，再依序放入蛋黃、20g乳酪
　　　　絲和辣椒粉混勻成奶醬。

3　在吐司上塗一層薄薄的奶油，放入烤
　　箱約1分鐘後取出。

4　先抹上第戎芥末醬，放上熟火腿，蓋
　　上一片吐司，抹上一層麵糊奶醬，再
　　放上一片乳酪片，最後蓋上一片吐
　　司。

5　在吐司頂撒上剩餘的乳酪絲與現刨的
　　帕美善乾酪。

6　放入烤箱烤到焦黃，就是克拉克先生
　　（Croque Monsieur）。

7　若加顆荷包蛋即成了克拉克夫人
　　（Croque Madame）。

年輕時遊巴黎總需要撙節旅費，否則荷包大失血是很容易的事，因此這道巴黎餐酒館裡
的紅牌料理便成了我的旅行美食，既容易取得美味又有飽足感。在法國學會這道料理
後，理所當然將其列入剛起步的餐廳菜單上，唯當年的食材取得不易和人手考量，做了
較簡化的調整，但仍不減它的美好風味和超人氣的點單率，也是當年全臺第一家有此料
理的咖啡廳。今天我原汁原味的呈現它的做法，不要在肚子餓時隨便將就亂吃，烤一份
熱呼呼的克拉克三明治吧（還嫌麻煩的話，可以省略麵糊奶醬，仍然很好吃）！

顛覆傳統巴黎餐酒館的
新革命

　　那些被米其林框架壓得喘不過氣來的高級餐廳，包袱沈重，創意闌珊，漸漸讓我們這群吃貨們感到失望和無趣，所幸近年來巴黎的餐酒館興起了一波波革命性的改變，讓我們得以繼續興味盎然的開吃創新美食。

　　這些投身餐酒館新革命的新血輪，多半已在餐飲業學習多年，曾經的要好同事如今成為創業夥伴，一主外（或為經營者，或為外場管理、品酒師等），一主內（廚師團隊），共同打造一個新的未來。這些新創餐酒館少了奢華的排場和八股又刻板的圖騰印象，他們更自由奔放，更天馬行空，毫不猶豫的打破百年來的窠臼，換來的是更為專業且大膽的菜色，以及現代感又帶著個人風格的裝潢，甚至祭出品酒師的現場專業服務，簡直逼近高級餐廳的標準（也反映出他們對未來的憧憬），但價格仍合理適中，唯場地規格當然大不了，餐具也無法如高級餐廳般講究。

　　這群年輕廚師們的熱情和企圖心旺盛，絕不會在餐盤裡妥協或偷斤減兩。他們的表現讓人眼睛一亮，鮮活的創意在盤上飛舞跳躍，充滿生命力和酷勁，從這樣的料理之中，你不僅能品嘗到美味與新意，更能感動於他們的用心，這就是我近兩年來大大推舉的巴黎飲食新印象，無非希望給這群年輕人更多的支持和鼓勵，巴黎畢竟需要一些改變，一些新血輪的加入。我們樂見它的成長，以及它美麗的蛻變。

　　初夏的巴黎夜晚，天光直到晚上九點鐘才告別，萬家燈火慢慢點亮巴黎之際，也正是餐酒館們活力的開始。也許又一轉彎，偶一街角，亦或是方形磚一路砌成的深巷底，總會找到一間屬於自己的餐酒館，隨時迎接著每個歸來的身影，撫慰著每個妄想稍歇的心靈，共同融入在杯影交錯的人聲鼎沸中。

上圖為剛獲米其林星的Accents主廚Romain Mahi（左）和Ayumi Sugiyama（右）。
下圖為Bon Marché的LA TABLE團隊，由主廚Cédric Erimée帶領。

鮮活的創意在盤上飛舞跳躍，
充滿生命力和酷勁，
你不僅能從中品嘗到美味與新意，
更能感動於他們的用心。

不論招牌上寫的是 Reataurant、Bistro、Café 或 Brasserie，它們都是巴黎餐酒館。這裡有著我最熟悉的味道，有著我最深切的記憶，有著我與巴黎最深的愛情，在每個日夜，生生不息的閃耀在巴黎的景致中。

最接地氣的旅程就是親自體驗它們，讓自己為它們寫下記憶。還在擔心踩到地雷？還在懷疑網上的推薦是否可信？又何妨呢？旅行中不管遭遇什麼，都將成為我們生命中美好又特別的一頁，是一篇篇此生難得、今生難再遇的生命故事。但願你跟我一樣，戀上巴黎，一輩子。

● 關於Fusion

聞到香茅就聯想到泰國，而昆布則是日本料理常見的食材，這些食材怎麼會用在法國料理中呢？難道這就是所謂的複合式料理嗎？常常有人這麼問我，讓我不禁想聊聊關於「Fusion」的問題。

Fusion用在料理方面通常被翻譯成「複合式」、「融合」料理，但我認為Fusion的意義不僅於此。要定義一道菜是什麼料理，絕不能忽略了烹調的工法，而非單從食材運用和風味呈現上來看，所以並非把各國食材混搭、複合就算是Fusion了。以炒菜來說，中式、泰式或越式都有炒菜，但料理手法、風味等卻各有不同，使我們能夠分辨其中的差異，也因此我們不會把神廚侯布雄（Joël Robuchon）用香茅做的醬汁稱為泰國菜，不是嗎？

因著國際交流與跨界互動，使得料理越發精彩，充滿想像和創意，這才是Fusion，飲食在Fusion催化下呈現了美好的融合。想要創作出更好味道，就要經常抱持好奇心，善用並鍛鍊我們的五感，找尋天馬行空的創意和味道，千萬別怕冒險，做出讓人驚豔和難以想像的料理便不再是難事！

CHAPTER

5

主菜

美味的最高指導原則是
新鮮食材、創意巧思、百鍊工法和美學素養。
即便主菜的工序繁複，
只要掌握原則，再多花點工夫，相信你會樂在其中。
現在，就跟著我一起驚豔味蕾吧！

大菱鮃比目魚 ／朝鮮薊 ／玉米泥 ／豌豆 ／野蘆筍
Turbot, artichoke, corn, pea, wild asparagus
餐廳 ⋯⋯ Accents　主廚 ⋯⋯ Romain Mahi & Ayumi Sugiyama

香烤鴨胸佐黑加侖迷迭香醬汁

烹飪器具

烤箱、平底鍋2支、醬汁鍋1支

材料

鴨胸 300g
紅酒 50c.c.
黑加侖果酒（Crème de Cassis） 100c.c.
迷迭香（摘下葉片切碎） 1支
百里香（摘下葉片切碎） 1支
陳年紅酒醋 3大匙
蜂蜜 2大匙
糖 2大匙
蘑菇（切薄片） 30g
黑棗 6顆

醃料
紅酒 80c.c.
辣椒油 1小匙
檸檬油 1小匙
鹽 適量
胡椒 適量

無鹽奶油 10g
橄欖油 1.5大匙
鹽之花 適量
胡椒 適量

做法

1　烤箱以200℃預熱至少10分鐘。

2　用鹽和胡椒將鴨胸正、反面醃漬10分鐘備用。

3　黑棗混入〔醃料〕，以小火煮3分鐘後浸泡備用。

4　取一醬汁鍋，倒入紅酒、陳年紅酒醋、黑加侖果酒、迷迭香和百里香，以中火煮滾後濃縮至2/3的量，再加入蜂蜜和糖，用小火煮至濃稠狀，起鍋前加入奶油、鹽和胡椒調味備用。

5　取一平底鍋，放入半大匙的橄欖油加熱，放入蘑菇乾煸至焦黃色，並以鹽和胡椒稍加調味。

6　另取一平底鍋，放入1大匙的橄欖油加熱，放入鴨胸（皮面朝下），以中大火煎至金黃色，再翻面續煎至焦黃，起鍋前撒上鹽之花，然後放入烤箱烤8分鐘。取出後覆蓋鋁箔紙（霧面朝向鴨胸），靜置5分鐘後再切片。

7　盛盤，淋上醬汁，再排上莓果等裝飾即可。

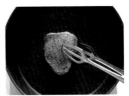

法國開胃酒Kir Royal係將香檳調入黑加侖果酒，是我的最愛，也是我與法國的定情之物。它的風味香甜，不論運用在料理裡、甜點裡，亦或是綿綿的情話裡，總能增添無限浪漫。在這道料理中，我運用它來製作醬汁，將滿滿的紫色愛戀隱藏在華麗之中！Enjoy that！

繽紛魚子大干貝佐白花椰奶醬

烹飪器具

醬汁鍋1支、調理機

材料

大干貝　8個
白花椰菜（切下花朵部分）　150g
薑（切片）　2片
雞高湯　350c.c.
胡椒粒　少許
西芹（削皮，切段）　50g
紅甜菜（買現成已熟即可，切圓薄片）　20g
原味酸奶　50c.c.
（亦可加入些Cream fresh，風味更濃郁）
烹調用鮮奶油　約30c.c.
萊姆（汁）　1／3顆
魚子醬　10g
法國Piment d'espelette A.O.P.辣椒粉　1小匙
松子　5g
各式有機食用花草　適量
橄欖油　少許
鹽之花　少許
胡椒　少許

做法

1　將雞高湯、薑片、些許鹽和胡椒粒煮滾，放入干貝快速燙熟後取出，待稍冷後橫切成3片保溫備用。

2　原鍋放入白花椰菜和西芹段（西芹段燙熟後沖一下冷水，須保持鮮脆度，花椰菜則務必煮至軟爛）。

3　將西芹撈出，切小丁備用。

4　將花椰菜撈出（不須刻意瀝乾水分），放入調理機（視情況可加入適量高湯方便攪打），加入酸奶和萊姆汁打成乳狀，然後加入鮮奶油混勻（可以鮮奶油來調節濃稠度，毋需太稠），再加入鹽之花和胡椒，即成奶醬。

5　將干貝片排入盤中呈圓形狀，抹上奶醬，撒上辣椒粉，再點上魚子醬。

6　灑上西芹小丁和紅甜菜薄片，裝飾食用花草與松子，最後淋上些許橄欖油即可。

平凡的白花椰菜結合雞湯做成奶醬後，搖身一變成了三星級的美食，蟬聯近十年法國星級餐廳的人氣食材和醬汁。雖然人氣醬汁能賦予料理美味，但還得掌握兩項關鍵步驟，才能讓這道料理臻至完美：一是汆燙干貝只需數秒，切勿過久，保持形體和鮮嫩口感很重要；二是擺盤必須有點耐心和美感。

LAMB CHOPS WITH MINT LEMON SAUCE

嫩煎小羔羊排佐薄荷檸檬醬

烹飪器具

平底鍋（最好是平底牛排煎鍋）1支、調理機

材料

小羔羊排 6～8支

薄荷醬
┌ 薄荷（葉）20片
│ 檸檬（汁）半顆
│ 糖 1.5大匙（可依個人喜好）
└ 檸檬橄欖油 1.5大匙

橄欖油 2大匙

鹽 適量

胡椒 適量

做法

1 修清羊排（取掉筋膜與多餘油脂），正、反面醃上鹽和胡椒，
靜置10分鐘備用。

2 將〔薄荷醬〕材料放入調理機中打碎，加入鹽和胡椒調味備
用。

3 取一平底鍋，放入2大匙的橄欖油加熱，放入羊排，以中大火
煎至金黃色，然後翻面續煎（周邊亦然，生熟度依個人喜
好），盛盤，淋上醬汁即可。

幸福，哪裡找？

羊排與薄荷醬是再合適不過的老夥伴。特別為了喜歡薄荷醬的好朋友Renatus寫下這份食
譜，自製醬汁的風味與精緻度自不在話下，現做現吃的新鮮和幸福感更是外食所無法匹敵
的。

幸福，就藏在日常生活裡！把省下的錢貼補在羊排的品質上，這才是最合邏輯與經濟的美食
法則。若能把羊排修成米其林星級水準，相信你還能賺到滿滿的掌聲喔！

STEWED SALMON WITH LENTILS 'SPANISH STYLE'

西班牙鮭魚燉扁豆

烹飪器具

平底鍋1支、調理機或均質機

材料

番紅花榛果醬
- 蒜頭（切半） 2瓣
- 巴西利（摘下葉片略切） 8支
- 番紅花粉 適量
- 榛果（略切） 25g

鮭魚（切塊） 240g

蒜頭（切碎） 2瓣

洋蔥（小，切丁） 80g

罐裝水煮番茄 240g

魚高湯 400c.c.

罐裝綠扁豆（lentil，熟） 300g

橄欖油 5大匙

鹽 適量

胡椒 適量

做法

1 將鮭魚切塊，醃上鹽和胡椒備用。

2 將〔番紅花榛果醬〕材料與3大匙橄欖油用
　調理機打碎，並以鹽和胡椒調味備用。

3 取一平底鍋，放入2大匙橄欖油加熱，加入
　蒜頭和洋蔥，用中小火拌炒至焦黃。

4 加入罐裝番茄和魚高湯煮滾，再以小火加
　蓋燉煮約5分鐘。

5 加入扁豆和3大匙的番紅花榛果醬，以中火
　煮滾後轉小火加蓋燉煮約10分鐘。

6 加入鮭魚柳（小心不要弄碎），用中火加
　蓋煮5分鐘（記得翻面）。

7 灑上巴西利和碎榛果，再以鹽和胡椒調
　味，並加以裝飾即可。

西班牙的魚鮮料理豐富多變，是西班牙人的驕傲。他們的料理跟大多數的地中海地區相似，
喜用甜椒與珍貴的番紅花。我特別喜歡西班牙料理特有的風味和風土民情，很慶幸我們有
如家人般的西班牙好友，總能嘗到他們原汁原味的料理，是不是很羨慕我呀？現在，不用羨
慕Phoebe，立刻下廚做這道能讓你重啟一天活力的鮭魚燉扁豆吧！

香檸杏仁奶油鱈魚

烹飪器具

平底鍋1支、微波爐、耐熱盅1個

材料

鱈魚（或鱸魚菲力） 1片（約260g）
萊姆（切片） 1顆
澄清奶油 40g
杏仁片 1大匙
橄欖油 1大匙
香料鹽 適量
胡椒 適量

做法

1 將鱈魚正、反面醃上鹽和胡椒備用。

2 將奶油放入一個耐熱盅裡，蓋上保鮮膜，用微波爐的中大火加
  熱至油、奶分離，然後只取用上層的澄清油脂部分，把下層的
  奶脂丟棄，即為澄清奶油。

3. 取一平底鍋加熱，將杏仁片稍微烘烤後取出放涼。

4 同鍋放入1大匙橄欖油和20g的澄清奶油加熱，再放入鱈魚，把
  正、反面煎至焦黃。

5 煎魚的同時把萊姆片放在鍋中略煎，然後排放在魚身上，再取
  出盛盤。

6 將剩餘的20g澄清奶油趁熱淋在魚上。

7 撒上杏仁片、香料鹽和胡椒即可。

深海鱈魚的肉質結實、口感Q彈，深得眾人喜愛。這道使用很多奶油的檸香煎魚，製作時滿
室奶香，引人垂涎，加上微苦微酸的帶皮萊姆，減輕了油膩感，使香氣變得更芬芳宜人，建
議食用前撒上香料鹽，會更加豐厚美妙。嗯！暫且拋卻一天的煩躁，享受當下的美好吧！

PAN-FRIED COD FISH WITH ASPARAGUS AND GREEN SALADE

香煎鱈魚與綠蘆筍檸檬芥末沙拉

烹飪器具

平底鍋2支、沙拉盆1個

材料

鱈魚（切成2片） 240g
綠蘆筍（削皮切3段） 6支
紅蔥頭（切碎） 1顆
小紅蘿蔔（切薄片） 50g
萊姆（切片） 1個
蒔蘿（摘下葉片略切） 10g
長棍麵包（切大丁） 1條
水 1大匙
綜合沙拉 60g
法式芥末醬 5g
白酒醋 1大匙
橄欖油 7.5大匙
糖 1大匙
鹽 適量
胡椒 適量

做法

1 將鱈魚正、反面醃上鹽和胡椒備用。

2 取一平底鍋，放入1.5大匙橄欖油加熱，將麵包丁略煎至焦黃，再撒上少許的鹽和胡椒調味後取出。

3 同鍋加入1大匙橄欖油加熱，放入綠蘆筍和紅蔥頭，用中火煎約1分鐘，再加入1大匙的水，加蓋略煮，須保持青脆色澤，然後用少許的鹽和胡椒調味，離火備用。

4 將3大匙橄欖油、白酒醋、芥末醬、糖、鹽和胡椒拌勻做成沙拉醬汁。

5 另取一平底鍋，放入2大匙橄欖油加熱，將鱈魚正、反面以中大火煎至焦黃全熟，放上萊姆片，轉中火續煎1分鐘。

6 取一沙拉盆，將沙拉葉、蘆筍、小紅蘿蔔和蒔蘿混勻盛盤。

7 放上魚片和沙拉，再撒上麵包丁，澆淋些許4.即完成。

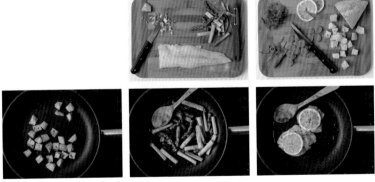

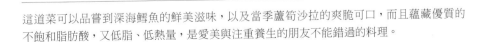

這道菜可以品嘗到深海鱈魚的鮮美滋味，以及當季蘆筍沙拉的爽脆可口，而且蘊藏優質的不飽和脂肪酸，又低脂、低熱量，是愛美與注重養生的朋友不能錯過的料理。

鮮蠔海瓜子佐昆布清酒苦艾醬汁

烹飪器具

醬汁鍋1支

材料

生蠔 2顆
海瓜子 600g
清酒 100c.c.
昆布 7g
魚高湯 200c.c.
烹調用鮮奶油 80c.c.
萊姆或檸檬（汁） 半顆
苦艾酒 1小匙
法國Piment d'espelette A.O.P.辣椒粉（可省略） 適量
無鹽奶油 10g
鹽 適量
胡椒 適量

苦艾酒

A.O.P.
辣椒粉

做法

1 取一支醬汁鍋，倒入清酒、100c.c.的魚高湯（無鹽）和昆布煮滾，放入生蠔和海瓜子快速燙熟後取出，再把肉取下來。

2 過濾湯汁，取1/3的量與另100c.c.魚高湯一起熬煮，濃縮剩一半的量。

3 加入鮮奶油和萊姆汁濃縮至稠，起鍋前加入奶油攪拌均勻，然後以鹽和胡椒做最後的調味。

4 盛盤，淋上醬汁，再淋上少許苦艾酒，撒上辣椒粉，並裝飾即可。

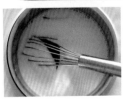

生在寶島臺灣的我們總能嘗到無數鮮美海產，煎、炒、煮、炸樣樣精彩。今天來一點創意新點子，運用帶著茴香和柑橘味的苦艾酒鋪陳神祕的東方色彩，再點綴珍貴的Piment d'espelette A.O.P.辣椒粉，增添無限美好的想像空間與高貴的味蕾享受，絕對值得一試。

PAN-FRIED TIGER PRAWN WITH PASTIS AND WILD GARLIC SAUCE

卡宴茴香酒香煎虎蝦佐野蒜醬汁

烹飪器具

平底鍋2支、調理機

材料

虎蝦（任何新鮮大蝦皆可，
　　　沿著蝦背切開去腸泥） 2大隻
紅蔥頭（切碎） 1瓣
洋蔥（切碎） 50g
新鮮野蒜（略切） 50g
雞高湯 80c.c.
烹調用鮮奶油 2大匙
茴香酒（Pastis） 2大匙
西班牙煙燻紅椒粉 1小匙
無鹽奶油 10g
橄欖油 適量
香料鹽 適量
鹽 適量
胡椒 適量

做法

1　將虎蝦用鹽和胡椒醃10分鐘。

2　取一平底鍋，放入1.5大匙橄欖油加熱，以小火炒紅
　　蔥頭和洋蔥至焦黃狀。

3　加入高湯，大火煮滾後轉小火，加蓋煮軟至洋蔥呈
　　透明狀，並濃縮至1/3量。

4　加入40g的野蒜略煮1分鐘，加入鮮奶油、奶油、鹽和
　　胡椒調味。

5　將4.的料用調理機打碎，即成醬汁A。

6　將剩餘野蒜與50c.c.橄欖油放入調理機打碎，即成醬
　　汁B。

7　另取一平底鍋，放入1大匙橄欖油加熱，放入虎蝦，
　　將正、反面均煎至焦黃，再加入茴香酒，以中火加蓋
　　煮約1分鐘至熟。

8　將醬汁A盛盤，再隨意淋上醬汁B，再放上虎蝦和裝
　　飾，撒上些許西班牙煙燻紅椒粉即完成（食用前可
　　再撒上些許香料鹽，風味更好）。

西班牙煙燻紅椒粉

茴香酒

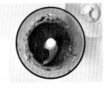
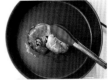

新鮮大蝦淋上大量的茴香酒是我的獨門祕方，也是我家餐桌上的常客。這道菜以產季短的
野蒜為醬，些微的辛辣感和煙燻紅椒相輔相成，形成獨特又絕配的滋味。一向Open mind的
我，喜歡把內藏的雙子生活哲學運用到料理之中，打破慣性，驚豔味蕾，挑戰鍋中物的衝突
與平衡，讓下廚不再只是為填飽肚子，更是一種冒險，去探訪未知的感官體驗。

PAN-FRIED SEABASS
WITH PESTO SAUCE AND PEAR SALAD

香煎鱸魚佐青醬與甜梨沙拉

烹飪器具

平底鍋1支、調理機或均質機

材料

鱸魚 240g
西洋梨（削皮切片狀） 1顆
綜合沙拉 60g

青醬
｜ 羅勒（摘下葉片） 20g
｜ 蒜頭（拍碎去皮） 2瓣
｜ 帕美善乾酪（略切） 10g
｜ 松子 8g（外加5g裝飾用）

芒果醋 1大匙
橄欖油 6大匙.
鹽 適量
胡椒 適量

做法

1 鱸魚切塊，將其正、反面醃上鹽和胡椒備用。

2 將〔青醬〕材料和3大匙橄欖油放入調理機打碎，並加鹽和胡椒調味。

3 將芒果醋、2大匙橄欖油、適量的鹽和胡椒調勻成油醋汁。

4 取一平底鍋，放入1大匙橄欖油加熱，用中大火將魚正、反面均煎至焦黃。

5 將沙拉葉和梨片混合，均勻淋上油醋汁後盛盤。

6 放上魚片，撒上松子，佐以青醬食用。

一般的香煎或清蒸就可以把平民級的鱸魚變大菜，若能多學兩招西式做法，你就有資格稱霸武林了。這道焦香的鱸魚菲力配上香甜的西洋梨，佐以芒果醋提味的沙拉和可口的青醬，清爽美味且做法容易，你一定要下廚嘗試喔！

香料蒜蝦

烹飪器具

平底鍋1支

材料

草蝦（背部切開）　8尾
鹽　適量
胡椒　適量
麵粉　適量
蒜頭（切碎）　2瓣
節瓜（切塊）　180g
紅甜椒（去籽切塊）　220g
迷迭香（摘下葉片切碎）　3g
百里香（摘下葉片切碎）　3g
萊姆（汁）　1個
羅勒（裝飾用）　3支
橄欖油　3大匙
鹽　適量
胡椒　適量

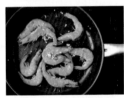
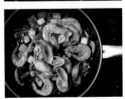

做法

1　草蝦醃上鹽和胡椒，並沾上薄薄的一層麵粉備用。

2　取一平底鍋，放入2大匙橄欖油加熱，以大火煎蝦和蒜頭，略炒約1分鐘取出備用。

3　同鍋放入1大匙橄欖油加熱，放入節瓜、紅甜椒、迷迭香、百里香和水，用大火拌炒後加蓋小火煮2分鐘。

4　把蝦回鍋大火拌炒後淋上萊姆汁。

5　盛盤後以羅勒葉片裝飾即可。

新鮮草蝦以蒜頭快炒，保留彈牙口感，再搭配爽脆的節瓜與甜椒，簡簡單單成就一道鮮甜爽口的美味佳餚，而且還提供我們豐富的纖維質和營養素。這道料理不到20分鐘就能完成，簡單到你還能順便烤個蘋果塔解解饞呢！

虎蝦青豆仁松露雞湯餃

烹飪器具

醬汁鍋2支

材料

虎蝦（沿著蝦背切開） 2大隻
薑（切片） 3片
雞高湯 200c.c.
白酒 50c.c.
烹調用鮮奶油 60c.c.
洋蔥（切大片） 80g
青豆仁粒 30g
義大利松露餃 數個
檸檬橄欖油 半大匙
無鹽奶油 10g
鹽 適量
胡椒 適量

做法

1 取一小半湯鍋的水加熱，放入少許鹽，依序汆燙或煮熟青豆仁（切勿過度，取出後立刻沖冷水備用）、義大利餃、洋蔥，然後取出保溫備用。

2 將雞高湯、白酒與薑片加熱煮滾，放入虎蝦煮約半分鐘（視大小而定），取出後剝殼切塊。

3 將湯汁過濾後熬煮濃縮至一半的量，再加入鮮奶油，繼續濃縮至稠，起鍋前加入無鹽奶油、鹽和胡椒調味即成醬汁。

4 將虎蝦、麵餃、青豆仁、洋蔥放入盤中，淋上醬汁和些許檸檬橄欖油，並裝飾即完成（食用前可再撒些香料鹽，風味更好）。

 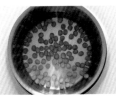 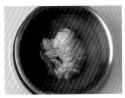 

誰說高級料理非得使用昂貴食材不可？食物美味的最高指導原則：新鮮的食材、創意巧思、百鍊的工法和美學的素養，而食材只是其中一環，但問新鮮而已。就是今天，跟著我一起試試這道高級卻親民的春天料理，讓自己變身星級大廚吧！Cheers！

BEEF FILET WITH BRANDY,
GREEN PEPPERCORN AND CHOCOLATE SAUCE

菲力牛排佐干邑綠胡椒
黑巧克力醬汁

烹飪器具

烤箱、平底鍋1支、 醬汁鍋1支

材料

菲力牛排 300g	鹽水漬綠胡椒粒 1大匙
干邑白蘭地 30c.c.	橄欖油 半大匙
牛高湯 100c.c.	無鹽奶油 10g
烹調用鮮奶油 2大匙	鹽 適量
黑巧克力（切碎） 20g	胡椒 適量

做法

1 烤箱以200℃預熱至少10分鐘。

2 菲力牛排用麻繩綑好或牙籤塑成圓形，正、反面醃上鹽和胡椒，靜置10分鐘備用。

3 取一醬汁鍋，倒入干邑白蘭地，以中火煮滾後濃縮到一半的量，續加入牛高湯，大火煮滾後以小火煮3分鐘。

4 加入鮮奶油、巧克力和鹽水漬綠胡椒粒，以中大火煮滾，再以小火煮5分鐘（至濃稠狀），起鍋前加入奶油攪拌均勻，最後加入鹽和胡椒調味，即成醬汁。

5 取一平底鍋加熱，放入牛排，以中大火煎至金黃色，然後翻面續煎（周邊亦然，生熟度依個人喜好，亦可放入烤箱），盛盤後淋上醬汁再加以裝飾即可。

浪漫之王巧克力不只是甜點，用來做料理也是一絕。巧克力一入菜，無限風情霎時襲來，與干邑搭配更是經典，料理風味立刻升級。建議你可以佐配第42頁的法式焗烤蘋果馬鈴薯一起享用，速配指數滿分。

香烤牛排佐紅酒洋蔥醬汁

烹飪器具

平底鍋2把、烤箱

材料

肋眼牛排（切成2塊） 300g
紅蔥頭（切碎） 1瓣
洋蔥（切絲） 140g
紅酒 200c.c.
牛高湯 80c.c.
糖 2大匙
無鹽奶油 20g
橄欖油 3大匙
鹽 適量
胡椒 適量

做法

1 烤箱以200℃預熱至少10分鐘，牛排正、反面醃上鹽和胡椒。

2 取一平底鍋，放入2大匙橄欖油加熱，用小火炒紅蔥頭和洋蔥至焦香（把水分炒乾）。

3 加入紅酒，以大火濃縮1分鐘，讓酒精揮發，接著加入牛高湯和糖，以中火煮滾。

4 再以小火濃縮約6分鐘至稠狀，拌入奶油，並加入鹽和胡椒調味，即成紅酒洋蔥醬汁。

5 取一平底鍋，放入1大匙橄欖油加熱，放入牛排，將正、反面各煎約半分鐘至上色，再放入烤箱烤約3分鐘（取出後以鋁箔紙覆蓋牛排靜置3分鐘，約五分熟）。

6 牛排盛盤，淋上紅酒洋蔥醬汁，並加以裝飾即完成。

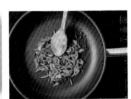

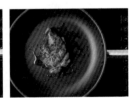

每逢喜慶、聚餐時，牛、羊肉料理總是大受歡迎，我想或許是因為所費不貲，或者在家料理不易吧！因此，我想試著多教大家一些不會太難的法式醬汁做法，方便各位朋友在家做大餐之用。這道料理中的紅酒洋蔥醬汁是經典的法式牛排醬，需帶點焦糖甜味才行。其實它也很適合搭配煎、烤焦香的深海圓鱈，很奇妙吧？一種醬汁兩樣風情呢！

鼠尾草煎鴨胸佐普羅旺斯黑橄欖醬

烹飪器具

烤箱、烤盅1個、平底鍋1支、調理機或均質機

材料

鴨胸（鴨胸醃上鹽和胡椒） 2片
鼠尾草 1束

黑橄欖醬
| 黑橄欖（Black olive） 65g
| 鯷魚（Anchovy） 15g
| 酸豆 15g
| 蒜頭 2瓣
| 橄欖油 3大匙

綜合沙拉葉 50g

油醋汁
| 橄欖油 3大匙
| 巴薩米克酒醋 1大匙
| 糖 1.5大匙

橄欖油 1大匙
鹽 適量
胡椒 適量

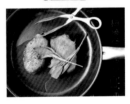

做法

1 烤箱以200℃預熱至少10分鐘。

2 將〔黑橄欖醬〕材料用調理機打碎，並以鹽和胡椒調味。

3 將〔油醋汁〕材料調勻，加入鹽和胡椒調味，再與綜合沙拉葉拌合。

4 取一平底鍋，放入1大匙橄欖油加熱，放入鴨胸與鼠尾草，以中大火將正、反面煎至焦黃，放入烤箱烤約8～10分鐘。

5 取出4.後，以鋁箔紙（霧面朝向肉）蓋住，靜置3分鐘後切片。

6 將烤好的鴨胸盛盤，佐以黑橄欖醬和沙拉一起食用。

堪稱養禽專家的法國人，能把雞、鴨、鵝養得肥嫩豐腴不說，還擅長把禽料理做得宛如藝術珍寶，著實讓人佩服。這道充分展現肥鴨味鮮脂腴的料理，搭配普羅旺斯的黑橄欖醬（Tapenade），是經典的法國菜。其實，單吃鴨就夠滿足味蕾享受了，但我還要加上蘊含法國南方風味的黑橄欖醬，向我的恩師傑哈致敬，因為今年是與老師結緣滿二十年的大日子，感謝您造就了今天的我。

香煎豬菲力
佐番茄青醬與地瓜杏鮑菇

烹飪器具

平底鍋1支、調理機或均質機、電鍋

材料

豬小里肌（切成2份） 240g
杏鮑菇（切片） 2個
地瓜（切丁） 300g

| | 羅勒（摘下葉片略切） 20g
| | 蒜頭 2瓣
A | 檸檬（汁） 半顆
| | 帕美善乾酪（切塊） 10g
| | 松子 8g

油漬風乾番茄（切條狀） 20g（預留2條裝飾用）
橄欖油 5.5大匙
鹽 適量
胡椒 適量
檸檬絲 少許

做法

1 將烤箱以180℃預熱至少10分鐘。

2 電鍋外鍋放半杯水，將地瓜蒸半熟。

3 用調理機將〔A〕和3大匙橄欖油混合打成青醬，並加鹽和胡椒調味。

4 取一平底鍋，放入1.5大匙橄欖油加熱，將杏鮑菇煎至收汁上色。

5 續加入半大匙橄欖油，放入地瓜拌炒，並加入些許的鹽和胡椒調味後取出備用。

6 同鍋再加入半大匙橄欖油，用中火煎豬小里肌至焦黃，放入烤箱烤約10分鐘。

7 取出後以鋁箔紙（霧面朝向肉）蓋住小里肌，靜置3分鐘後切片。

8 依序將地瓜和菇盛盤，放上豬小里肌，淋上青醬，用檸檬絲、油漬風乾番茄裝飾即可。

豬里肌的脂肪較少、熱量低，香煎之後再烤，能緊緊鎖住鮮美的肉汁，是高級豬肉料理的主要肉品之一。佐配滋味香濃迷人的百搭青醬、焦香脆口的杏鮑菇與香甜的紅薯，讓這道料理既營養均衡又風味十足，絕對能滿足各位老饕的胃。

STEWED SAUSAGE MEATBALLS
WITH MUSHROOMS AND SHERRY

雪莉酒燉煮蘑菇豬肉腸

烹飪器具

平底鍋1支

材料

豬肉腸（去腸衣後捏成丸狀） 250g
蒜頭（切碎） 4瓣
新鮮迷迭香（摘下葉片切碎） 2支
新鮮百里香（摘下葉片） 3支
蘑菇（切片） 220g
雪莉酒（Sherry） 100c.c.
巴西利（摘下葉片切碎） 5支
無鹽奶油 1塊
橄欖油 4大匙
鹽 適量
胡椒 適量

做法

1 取一平底鍋，放入2大匙橄欖油加熱，放入蘑菇，用中大火快炒至焦黃。

2 再放入2大匙橄欖油加熱，放入肉腸球，以中大火煎至焦香。

3 續加入蒜頭、迷迭香、百里香，用中火均勻拌炒。

4 加入雪莉酒，大火煮沸後以小火加蓋燉煮5分鐘。

5 起鍋前拌入奶油、巴西利碎，並以鹽和胡椒調味。

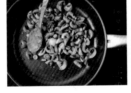

上餐廳吃飯時總會點杯雪莉酒當餐前酒的我家先生，對這道菜情有獨鍾。產自西班牙南部安達魯西亞省的雪莉酒是西班牙的名酒之一，以白葡萄製作，待發酵完成後再以白蘭地進行強化，最初的口感微乾（dry），後韻甜美，帶著獨有且特殊的氣味，也可以入菜或做成醬汁。這道肉丸子料理以雪莉酒入菜，不但提升香氣，更提升了特有的風味與氣質，是一款深受大家喜歡的西班牙料理。

燜燉辣味香料蜜棗燉羊肉

烹飪器具

平底鍋1支、小湯鍋1支、燉鍋1支

材料

| 薑黃粉（Curcuma powder） 1／4小匙
| 小茴香粉（Cumin powder） 1／4小匙
A 肉桂粉（Cinnamon） 1／2大匙
| 番紅花絲（Saffron filaments） 少許
| 黑胡椒 5g

羊肉（肩或腰肉為佳，切塊） 300g
洋蔥（切小丁） 125g
薑（去皮切碎） 15g
蜂蜜 3大匙
芫荽（整支） 10支
黑蜜棗（Dried prune） 125g
牛高湯 250c.c.
北非小米 120g
雞高湯（可酌量增減） 100c.c.
麵粉 1.5大匙
橄欖油 5大匙
鹽 適量
胡椒 適量

做法

1 用鹽和胡椒醃羊肉，並沾上薄麵粉（拍掉多餘粉末）。

2 取一平底鍋，放入3大匙橄欖油加熱，放入羊肉，煎至焦黃再放入洋蔥丁、薑拌炒2分鐘。

3 將2.移入燉鍋中，加入〔A〕拌勻後加入牛高湯煮滾，再加蓋以小火燉煮約40分鐘至軟，然後取出保溫。

4 放入黑蜜棗、蜂蜜，繼續燉煮約5分鐘至軟。

5 將羊肉放回鍋裡續煮3分鐘，以鹽和胡椒做最後的調味。

6 另取一把小湯鍋，放入北非小米、2大匙橄欖油和雞高湯煮滾，再加蓋以小火煮熟後以鹽和胡椒調味，離火備用。

7 將北非小米盛盤，放上燉羊肉，再以芫荽裝飾即可上桌。

深深懷念當年在巴黎里昂車站附近的那間北非餐廳，尤其是那些烤串和煮得香氣噴發的羊肉上湯。把湯拌在一鍋免費的北非小米裡，真的可以把一整鍋全吞下肚，這是我對中東美食最美好的回憶。不論你是否嘗過中東料理，都不妨下廚試試這道中東菜，希望你會和我一樣愛上它。

香料野菇微燉煮白酒雞翼

烹飪器具

平底鍋1支

材料

雞翅兩節 8隻
蒜頭（切片） 28g
新鮮百里香 3支
月桂葉 2片
鮑魚菇（柳松菇更佳，切片） 60g
香菇（切片） 60g
白酒 80c.c.
雞高湯 80c.c.
麵粉 2大匙
橄欖油 5大匙
鹽 適量
胡椒 適量

做法

1 用鹽和胡椒醃雞翅，再沾上一層薄薄的麵粉（拍掉多餘的粉末）。

2 取一平底鍋，放入4大匙橄欖油加熱，再放入雞翅，用中火煎10分鐘，期間須不時翻面，直至焦黃。

3 放入百里香和月桂葉拌炒。

4 加入白酒和雞高湯煮滾，再加蓋以小火燉熟，然後將雞翅取出備用。

5 同鍋加入1大匙橄欖油加熱，放入蒜頭和菇類，以中火拌炒至焦黃。

6 將雞翅回鍋拌炒收汁，以鹽和胡椒做最後的調味。

7 盛盤前，先把百里香枝取出，再加以裝飾即可。

許多臺灣人愛啃雞翅，其實西班牙人也愛這一味！這道簡單又噴香入味的菜餚，便是得自西班牙朋友傳授的地方料理。雞翅經過白酒、蒜頭和月桂葉等香料的燉煮與提味，吃來骨酥、味濃、酒氣香，跟臺式滷雞翅有得比拚。原來熱情的拉丁料理和我們這麼親近，那就沒理由不下廚一試囉！

POULET RÔTI

法國老奶奶廚房裡的
香料烤雞

烹飪器具

烤箱、烤盅1個

材料

法國春雞　2隻

醃料
| 酸奶　200g
| 蒜頭（切碎）20g
| 紅蔥頭（切碎）10g
| 巴西利香芹、鼠尾草、茵陳蒿（全部切碎）　共8g
| 檸檬或萊姆（汁）　1顆
| 香料海鹽　適量
| 胡椒　適量

做法

1　烤箱以180℃預熱至少10分鐘，並將醃料全部混合拌勻。

2　將醃料均勻塗抹在春雞腹腔與雞身上，醃製至少30分鐘
　　（可於前一晚醃製，會更入味）。

3　放入烤箱烤約50分鐘至熟（可以用刀子插入，若無血水
　　流出即是熟了。中途若已呈焦黃色，請以鋁箔紙覆蓋隔
　　離，避免烤焦）。

4　烤雞取出後用鋁箔紙包覆（霧面朝向食物），靜置5分鐘
　　再切食。

烤雞對法國人來說是家常便飯，每個婆婆媽媽都有自己的獨門心法，甚至代代相傳成
為延續家族味道的傳家菜譜，只要信手拈來的食材加上簡單的做法，滋味卻各領風
騷。當年在師母和馬索媽媽家的廚房裡學會了好多烤雞做法，是我寶貴又難得的人生
經驗，希望在天上的馬索媽媽樂見我今天的成長和分享。

BOEUF BOURGUIGNON

布根地紅酒燉牛肉

烹飪器具

大燉鍋1支、平底鍋1支

材料

A			
牛肩肉或牛腱（切塊） 500g	蒜頭（切碎） 4大顆
洋蔥 （切塊） 125g	紅蔥頭（切碎） 20g
西芹（切塊） 50g	培根（切條） 50g
青蒜（切片） 50g	麵粉 2大匙
紅蘿蔔（切塊） 120g	巴西利（摘下葉片切末） 3株
百里香 1株	牛高湯 300c.c.
月桂葉 2片	鹽 適量
紅酒 350c.c.	胡椒 適量
紅酒醋 80c.c.（重點在這裡）	

做法

1 將〔A〕與2顆拍碎的蒜頭、紅蔥頭、少許鹽和胡椒混合，放入
冰箱冷藏醃製一天。

2 取出1.，過濾湯汁後將牛肉與蔬菜分開，把牛肉瀝乾。

3 牛肉用鹽和胡椒略醃，再拍上一層薄麵粉，入平底鍋煎到焦黃
後取出放入燉鍋中。

4 在平底鍋中放入3大匙的橄欖油加熱，放入蒜頭、培根、百里香
和月桂葉炒到焦黃，再加入2.的蔬菜炒軟後倒入3.中。

5 加入牛高湯和醃料汁後開始燉煮至肉爛，加鹽和胡椒調味（也
可直接放入烤箱，以180℃烤約1.5小時，至肉爛為止）。

6 盛盤後，加入巴西利末裝飾即可。

紅酒燉牛肉是來自法國知名酒區布根地的經典名菜。顧名思義，加入大量的紅酒是這道菜的
關鍵和美味來源，而我在這裡分享給大家的正是正統的做法，可不是加了番茄和番茄醬的
臺版口味。喜歡紅酒燉牛肉的朋友不妨在家照著做，體驗正宗的布根地風情。

上法國餐廳點菜
不卡關

法國料理猶如藝術品,從繁複如工藝般的烹調技法、佐餐的銷魂醬汁到無限撩人的美味葡萄酒,都教人難以抗拒,想不傾倒在這餐飲文化大國的石榴裙下,也難。

旅行巴黎,必然要挑選幾家餐廳大享美食與美酒,但法國餐廳的菜單多半冗長且多無圖片,如果不懂法語,對著猶如天書般的菜單,根本不知從何點起。當然你可以說英語,近十年來,巴黎餐廳已逐漸擺脫不愛說英語的刻板印象,但你若對法國料理沒有一點基本認識,點起菜來還是會備感壓力。為了一解大家點餐的窘境,現在就跟著我一起來學學如何看法國菜單,增進一些點餐常識吧!

認識法國菜單的種類

法國菜單因餐廳的定位和類型而有所不同,基本上分成 Le menu、Le carte、Table d'hôte、Menu de saison 等。

1. Le menu:

通常為一般餐館所使用的菜單,餐點選擇較為固定,變化也不多。主要包含前菜、主菜和甜點,也就是最常見的三道菜套餐,價位也不太高。

2. Le carte:

多為正式餐廳裡常見的菜單,即單點之意。可挑選個人喜愛的沙拉(Salade)、湯(Soupe / Consommé)、主菜(Plat)或甜點(Dessert)。一般印象中,吃法國料理都是用餐者各自享用自己點的菜,但現在法國人也頗能接受分食共享喔!

3. Table d'hôte:

如英文的 Set menu,就是套餐之意。挑選主菜後可再加價選擇不同的附餐,比如加湯、沙拉、甜點或飲料等不同組合。

4. Menu de saison:

多在高級餐廳裡才會提供,是當季限定的季節菜單,價格相對也會高一些。

法國菜的用餐順序

　　把吃飯當成一件大事，甚至是一件美麗的事來對待，應該只有法國人辦得到。因此若能在對飲食如此鄭重其事的國家來一頓正式的美食饗宴，可說是一種難得的享受和人生經驗。

　　吃一頓正式的法國料理往往需要三、四個小時（我還曾吃過八小時的呢！），而且用餐程序十分講究，並不只是因為法國人特別龜毛，而是因為那

是品味的象徵，反映出餐盤裡如詩畫般的起、承、轉、合，因著它的起伏更迭、它的韻律美感，成了人們嚮往的高尚飲食生活和文化代表。接下來，就為大家介紹一下正式法國料理的用餐程序：

1. 餐前酒（Apéritif）：

　　一般餐廳都會提供餐前酒作為用餐的開始，只有在高級餐廳裡才會提供單杯的香檳（Champagne），否則多為氣泡酒類（Vin Mousseux）。常見的開胃酒有我家先生偏好的雪莉酒（Sherry）、

把吃飯當成一件大事，
甚至是一件美麗的事來對待，
應該只有法國人辦得到。

我喜歡的經典黑醋栗香檳（Kir Royal）和只有法國人才喝得下去的茴香酒（Pastis）等，當然也可以是一般的白酒。

2. 餐前小點（Amuse-bouche）：

有取悅口腔之意，為開胃的小點心。分量和造型小巧而精緻，通常不會列在菜單上，完全看主廚的心情，由主廚自行發揮創意。

3. 開胃菜（Entrée）：

開胃菜總是有無限的創意和選擇，也許是沙拉、湯、焗烤點心或生食，而且一點都不馬虎，是評鑑一間餐廳好壞、是否用心的一大指標。大名鼎鼎的布根地田螺（Escargots de bourgogne）和鵝肝醬（Foie gras）都是法國傳統開胃菜的代表。

4. 湯品（Soupe）：

可分為一般濃湯（Soupe）或各式肉骨清湯（Consommé），例如：洋蔥湯（Soupe à l'Oignon）或牛肉清湯（Consommé de boeuf）都很知名。

5. 主菜（Plat principal）：

一般餐廳提供各式肉類、海鮮類甚或野味料理的主菜，它也關係著佐餐酒的搭配（享用法國美食哪有不喝酒的道理呢？）。傳統的法國主菜有布根地紅酒燉牛肉（Boeuf Bourguignon）、紅酒燉雞（Coq au Vin）等。

6. 甜點（Dessert）：

從反烤蘋果塔（Tarte tatin）、法式焦糖布丁（Crème brûlée）到紅酒燉甜梨（Poires au vin rouge）等，都是讓人愛不釋手的經典選擇。

7. 乳酪盤（Fromage frais）：

享用完前面一系列的法式美食之後，若是獨漏一盤綜合乳酪，那可就美中不足了，所以有機會吃法國菜，即使平常不特別喜愛乳酪，也一定要嘗嘗（這也是可以繼續開酒的好理由，哈）。若你問我喜歡哪一味，我的最愛推薦是不同熟成時間的Comté乳酪盤。

8. 咖啡（Café）：

最常聽到的就是咖啡歐蕾（Café au lait）或拿鐵（Café au latte），但我們只愛黑咖啡（Un café Allonge）。

9. 餐後酒（Digestif）：

大多是白蘭地（Cognac）、威士忌（Whisky）或一些加味利口酒等（Liqueur）。

好了！準備到巴黎來趟美食之旅了嗎？有了這些基本常識後，相信你在法國享受美食時會更優游自得。先乾一杯吧（Tchin-tchin），並祝你胃口大開囉（Bon appétit）！

6

甜點

甜點是獎勵，是安慰，是讚賞，
是生活中不可或缺的療癒聖品，
無怪乎人人都說：
吃得再飽，甜點總有另一個胃來裝。

野莓黑醋栗漿佐羅勒鮮奶油與黑櫻桃冰砂
Black cherry compote, basil chantilly and amarena sorbet
餐廳 …… ANONA　主廚 …… Thibaut Spiwack

Phoebe的莫內花園

烹飪器具

烤箱、6寸烤模、電動打蛋器、刨絲器、榨汁器

材料

蛋白霜餅
蛋白 100g
糖 130g
檸檬（汁與皮末） 1顆

君度橙酒戚風蛋糕
蛋黃 100g（約3顆）
糖 10g
橄欖油 20c.c.
牛奶 15c.c.
低筋麵粉 55g
君度橙酒 30c.c.
糖漬橙皮（切丁） 30g

蛋糕體的蛋白霜
蛋白 3顆
糖 40g

裝飾用打發鮮奶油
烘焙用鮮奶油 160c.c.
糖 30g
萊姆（皮末） 1顆

綜合莓果和食用花 適量

做法

1 烤模塗上一層薄薄的奶油，再撒上麵粉，把多餘的粉倒掉。

2 製作〔蛋白霜餅〕：

（1）烤箱以160℃預熱10分鐘，把烤盤紙鋪在烤盤上。

（2）蛋白先以中速打發到大氣泡狀，再把糖分四次加入攪打，再加入檸檬汁與皮末，以高速完全打發至尾端堅挺不掉落。

（3）把蛋白霜裝入擠花袋中，擠出喜歡的造型，置入烤箱烘烤1.5小時（每25分鐘打開烤箱散發濕氣，會更漂亮）。

3 製作〔君度橙酒戚風蛋糕〕蛋糕體的麵糊：將蛋黃打散，依序加入糖、橄欖油、牛奶和低筋麵粉攪拌均勻。

4 製作〔蛋糕體的蛋白霜〕：將蛋白打發到六分發後加入糖，繼續打到堅挺光滑。

5 先把1／3的蛋白霜加入蛋糕體麵糊中拌勻，再將剩餘的部分拌入（必須由下往上，以切拌的方式操作，避免過度攪拌，須保留空氣的體積）。

6 烤箱以160℃預熱至少10分鐘，再將5.放入烤箱烤30分鐘左右（可以筷子插入蛋糕中心測試，若無沾黏即可取出），取出後倒扣放冷即可脫模。

7 製作〔裝飾用的打發鮮奶油〕：先將糖和萊姆皮末混合，放置至少半小時做成檸檬糖。再將鮮奶油、檸檬糖和萊姆皮末打發到堅挺光滑（若天氣太熱，可在盆底加入一盆冰塊水，有助打發的效果）。

8 把烤好的蛋糕體橫切成兩片，在其中一片蛋糕體抹上7.的鮮奶油，再放上2.的蛋白霜餅，然後蓋上另一片蛋糕體。

9 用其餘的7.平均塗滿蛋糕體。

10 裝飾上莓果和食用花等即可上桌囉！

當年在普羅旺斯學習時，師母為我做了這款莓果蛋糕，至今難忘。去年看到老同學Esther的巴黎莫內花園一遊，讓我想起了這款蛋糕，將其妝點得繽紛多采後成了Phoebe的莫內花園。這款以戚風蛋糕為底、君度橙酒為輔的裸蛋糕是我喜歡的甜點之一，就用這款蛋糕作為復活節的禮讚，歌頌春天的來臨吧！

JOGHURT ICE CREAM WITH STRAWBERRY,
BASIL AND ELDERFLOWER CORDIAL

接骨木羅勒花漿草莓佐優格冰淇淋

烹飪器具

醬汁鍋1支、矽膠烤墊1張

材料

草莓（切片） 120g
原味優格冰淇淋 適量
檸檬（皮末） 半顆

接骨木花漿
水 300c.c.
接骨木花 150g
糖 200g
檸檬汁 少許

杏仁羅勒焦糖片
杏仁（打碎） 15g
羅勒葉（切碎） 6片
糖 30g
海鹽 少許

做法

1 製作〔接骨木花漿〕：把接骨木花（連著細枝無妨）、糖、檸檬汁和水放進大鍋裡加熱煮沸，再以小火熬煮20分鐘，熄火放冷，浸泡數天（糖溶液會吸收接骨木花的香氣成為花漿），然後裝進高溫消毒過的容器中保存。

2 製作〔杏仁羅勒焦糖片〕：

（1）將糖放入小鍋中，以小火慢慢加熱至焦糖色（絕對不可攪拌，只能搖晃或滾動鍋子）。

（2）一旦糖色變黃，即刻平均放入杏仁粒、羅勒葉和少許海鹽稍微拌勻。

（3）立刻倒在矽膠烤墊上放冷，再剝成喜歡的造型使用。

3 將草莓片排入盤中，淋上適量接骨木花漿（需過濾只剩花漿），灑上檸檬皮末，依序放上杏仁羅勒焦糖片、羅勒葉和優格冰淇淋即可。

每當婆婆園子裡的接骨木花盛開，就知道春天來了！婆婆總在花落前摘採，熬製成花漿，作為甜點淋汁或製成飲品。這款甜品運用了婆婆的愛心花漿，搭配杏仁堅果、花朵和羅勒香料等，形成一種特殊的組合，微酸微甜，爽口不膩，而且低糖，大家非得找時間試試看囉！

繽紛萊姆覆盆子佐羅勒冰淇淋

烹飪器具

不鏽鋼盆、電動打蛋器、刨皮器、醬汁鍋、矽膠烤墊1張、調理機、橡皮刮刀

材料

覆盆子果泥
| 覆盆子 100g
| 糖 50g
| 檸檬汁 1/3顆

覆盆子果粒
| 覆盆子 100g
| 檸檬油 1大匙
| 精緻橄欖油 2大匙
| 海鹽 少許
| 打發用鮮奶油 100c.c.

萊姆奶泡
| 糖 15g
| 萊姆（皮末） 1顆

焦糖片
| 糖 30g

羅勒冰淇淋
（亦可用香草或任何喜愛的冰淇淋取代） 1球

做法

1 將60g覆盆子剖半，其餘打碎備用。

2 製作〔覆盆子果泥〕：取一醬汁鍋，加入1.和糖，以小火加蓋煮15分鐘，起鍋前加入檸檬汁拌勻，待其冷卻。

3 製作〔萊姆奶泡〕：將萊姆皮末加入鮮奶油中打發到六分，再加入糖繼續打到堅挺光滑（若天氣太熱，可在盆底加一盆冰塊水，有助打發的效果）。

4 製作〔覆盆子果粒〕：將所有材料全部混勻（用橡皮刮刀處理，小心不要弄破果粒）。

5 製作〔焦糖片〕：將糖放入小鍋中，以小火慢慢加熱至焦糖色（千萬不可攪拌，只能搖晃或滾動鍋子）。一旦呈現焦糖色，立刻倒在矽膠烤墊上，雙手拉起矽膠烤墊上下左右滾動，讓糖漿任意流動，放冷後剝成喜歡的造型使用。

6 先在盤中放上萊姆奶泡，再將覆盆子泥置於萊姆奶泡旁（避免覆蓋在奶泡上），然後依序放上覆盆子果粒、冰淇淋，最後放上焦糖片裝飾即可。

盤式甜點的特色在於立體美感和口感變化，必須掌握好豐富性、層次感和華麗感，才能成就一道出色的盤式甜點。這道盤式甜點大膽運用了橄欖油和羅勒，創造出別出心裁的風味。好奇它的滋味嗎？做法不會太難，趕緊一試吧！

蜂蜜迷迭香杏桃
與東加奶霜和榛果奶酥

烹飪器具

烤箱、烤盅1個、電動打蛋器、醬汁鍋1支、平底鍋1支

材料

杏桃蜂蜜迷迭香
蜂蜜 50g
糖 30g
杏桃（剖半去籽） 6個
迷迭香（摘下葉片） 1支
胡椒粒 10顆

榛果奶酥
中筋麵粉 35g
無鹽奶油（室溫放軟） 35g
榛果粉 35g
糖 35g

東加豆奶霜
馬士卡朋乳酪 125g
烘焙用鮮奶油 30g
東加豆
（Tonka bean，磨成粉狀） 2粒
糖 40g

松子 15顆

做法

1 烤箱以200℃預熱。

2 將〔蜂蜜迷迭香杏桃〕的材料全部放入鍋中煮滾，再以小火燉煮15分鐘，然後放冷備用。

3 將〔榛果奶酥〕的材料放入一個大盆中，用手捏將其混合（會有沙沙的手感），然後平均鋪在烤盤上，放入烤箱烤約20分鐘左右，至麵酥香脆、焦黃上色（期間可打開烤箱用木匙將麵酥翻動，以求上色均勻），再取出放冷備用。

4 將〔東加豆奶霜〕所有的材料放入盆中，用電動打蛋器打至堅挺。

5 取一平底鍋加熱，將松子以小火烘烤1分鐘後放冷備用。

6 把東加豆奶霜做成橄欖形狀盛盤，放上蜂蜜迷迭香杏桃、榛果奶酥、松子和迷迭香裝飾即可。

這款以杏桃為基底的甜點，佐以香濃榛果奶酥，還搭配了我最愛的東加豆和迷迭香，集合這麼多氣味強烈的食材，卻能融合出和諧又清爽的味道，真是美好又驚喜。在充滿濃濃榛果奶酥香氣的空間裡燉煮杏桃，是我們家今春最香甜的回憶⋯⋯

BAKED BERRIES CRUMBLE

烤莓果奶酥

烹飪器具

烤箱、烤盅1個、醬汁鍋1支

材料

綜合紅莓果　350g
香吉士（先刨皮末後榨汁）　1個
　　中筋麵粉　100g
A　無鹽奶油（室溫放軟）　100g
　　二號砂糖　50g

做法

1　烤箱以200℃預熱至少10分鐘。

2　將〔A〕放入一個大盆中，用手捏將其混合（會有沙沙狀的手感）。

3　剝成碎狀平均鋪在烤盤上，放入烤箱烤約15分鐘左右，至麵酥香脆、焦黃上色（期間可打開烤箱用木匙翻動麵酥，以求上色均勻）。

4　取一醬汁鍋，放入莓果和香吉士汁與皮末加熱，小火煮5分鐘後取出放冷。

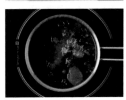

5　將4.莓漿果填入小烤盅內，鋪上3.奶酥，食用時可以佐配香草冰淇淋或打發鮮奶油。

愛吃莓果的我，除了將其作為水果食用外，更常拿來做甜點，既能滿足夢幻的少女心，更能攝取多種營養素，像是能夠抗氧化的花青素，還有植化素、維生素C和礦物質等，具有預防心血管疾病和糖尿病的功能，愛美的女生們應該時時補充。我在這款點心上還加了充滿濃郁奶香的香脆奶酥（這也是我的最愛），是犒賞一天辛勞最好的療癒點心。

蘭姆酒香料鳳梨

烹飪器具

平底鍋1支

材料

鳳梨（切小丁） 200g
糖 60g
八角（可剝開） 1個
肉桂棒或粉 1支或1小匙
蘭姆酒（Rum） 30c.c.
水 50c.c.
無鹽奶油 20g
打發鮮奶油或香草冰淇淋 隨個人喜好

做法

1 在平底鍋中放入奶油加熱，以小火炒鳳梨2分鐘。

2 再依序加入其他材料煮滾，加蓋，以小火熬煮20分鐘煮軟，再開蓋濃縮至稠狀。

3 放冷後盛入盤中，再加入1大匙打發鮮奶油或香草冰淇淋即可。

嘗一口蘭姆酒香料鳳梨，彷彿置身夏威夷海灘，來一杯Mai Tai般的慵懶愜意。以消暑聖品甘蔗為原料製造的蘭姆酒，適用於許多甜點或調酒中，像我最喜歡的蘭姆葡萄冰淇淋，便是用蘭姆酒浸泡過的白葡萄乾製作，滋味格外香甜多汁。而這道用幾款香料和蘭姆酒一起燉煮的鳳梨，充滿了熱帶微醺的浪漫，氣味多層次又風情萬種。建議你可以多做些放在冷凍庫儲存，嘴饞時隨時可以吃，方便極了。

萊姆乳酪鑲填水蜜桃

烹飪器具

烤箱、平底鍋1支、矽膠烤墊1張

材料

水蜜桃（較熟為佳，剖半去核） 2顆
萊姆（刨取皮末後榨汁） 半顆
薄荷葉 10片
糖 120g
開心果（切碎） 15g
瑞可塔乳酪 250g

做法

1 以160℃預熱烤箱至少10分鐘。水蜜桃剖半、去核後放入烤箱烤15分鐘。

2 將50g的糖放入平底鍋，以中火加熱融化，待變色後快速拌入開心果（請確認每粒果實平均裹上焦糖漿），再立即趁熱倒在矽膠烤墊上，放冷後剝碎備用。

3 將瑞可塔乳酪加入萊姆汁和皮末，與剩下的70g糖混合融化，最後拌入薄荷葉碎即為醬汁。

4 將水蜜桃盛盤，淋上3.，再灑上開心果和薄荷葉裝飾。

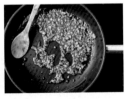

經過加熱後的水蜜桃更加甜蜜多汁，而瑞可塔萊姆醬汁雖然濃郁，但滋味清新、熱量低，當它倆相遇就成了最棒的邂逅，是你享受輕甜食的好選擇。

SAFFRON AND PASSION FRUIT CHEESE TART

番紅花百香果乳酪塔

烹飪器具

烤箱、8cm塔模6個、擀麵棍、電動打蛋器

材料

塔皮
中筋麵粉 115g
杏仁粉 15g
無鹽奶油（切小塊，室溫軟化） 55g
糖粉 45g
全蛋（打散） 25g
鹽 1g

內餡
蛋黃 2顆
馬士卡朋乳酪 250g
烘焙用鮮奶油 50c.c.
番紅花粉 2g
糖 20g

打發裝飾用的鮮奶油
烘焙用鮮奶油 50c.c.
糖 10g
柳橙（皮末） 半顆

新鮮百香果
（挖出果肉，除掉粗纖維） 1～2顆
糖 10g

這款創意版的法國甜塔，一直深獲私宅餐會國際訪客們的喜愛。塔皮香酥脆口，內餡的番紅花讓人眼睛一亮，加上百香果的酸甜果味，是味蕾新奇巧妙的鮮體驗，尤其是不甜不膩的清新感，更讓人愛不釋手（用點時間把塔皮做好，內餡就簡單多了，耐心做完這道甜點，相信你會從大家的讚許聲中獲得許多成就感喔）。

做法

1　製作〔塔皮〕：
 （1）烤箱以180℃預熱至少10分鐘。
 （2）粉類混合過篩。
 （3）奶油與粉用手揉搓混合均勻後中間挖出一個凹槽。
 （4）放入蛋液和糖，由內到外慢慢與麵粉混合成麵團。
 （5）再略微整型，揉捏至光滑狀（切勿過度，以免出筋），用保鮮膜包覆，放入冰箱冷藏至少半小時。
 （6）在塔模內塗上一層薄薄的奶油，再撒上麵粉（利於脫模。須把多餘的粉末倒掉）。
 （7）將塔皮麵團分成6份，擀成圓形薄片，鋪在塔模內（須貼緊），再用擀麵棍壓掉多餘的麵皮。
 （8）用叉子在塔皮底部戳洞後靜置15分鐘。
 （9）放入烤箱烤15分鐘左右，取出放冷脫模備用。

2　製作〔內餡〕：
 （1）將蛋黃打散，放入馬士卡朋乳酪和糖繼續打勻。
 （2）加入鮮奶油和番紅花，不停的攪打至濃稠奶油狀，即成內餡。

3　製作〔裝飾用的打發鮮奶油〕：將鮮奶油、糖和柳橙皮末打發到堅挺光滑（若天氣太熱，可在盆底加入一盆冰塊水，有助打發的效果）。

4　組合：將內餡填入塔皮內整平（亦可使用擠花袋填入再抹平），擠上鮮奶油花，再淋上百香果肉（或將果肉淋在塔上再擠上鮮奶油花）即完成。

CHAPTER **6**　甜點　　　**231**

香草冰淇淋佐芒果薄荷沙沙

烹飪器具

刨絲器、榨汁器

材料

香草冰淇淋 2球
芒果（切丁） 100g
檸檬（汁和皮末） 半顆
薄荷葉（摘下葉片切絲） 10片
糖 60g
小乾辣椒（切碎） 半支

做法

1 將芒果丁、薄荷葉、小乾辣椒、檸檬汁和皮末與糖混合成沙沙醬。

2 將香草冰淇淋盛入盤中，淋上沙沙醬再加以裝飾即可。

臺灣的芒果種類多、香氣足、又甜又大，可說是水果界的「臺灣之光」！利用在地水果做出散發金黃光芒的法式甜點，不但準備容易、操作簡單，而且深獲賓客好評。芒果不只酸甜可口，其豐富的維生素A與纖維更是維持皮膚和眼睛健康的好幫手。

PEARS WITH VANILLA ICE CREAM

番紅花風味甜梨佐香草冰淇淋

烹飪器具

小湯鍋1支

材料

西洋梨（去皮，去籽，剖半） 1顆
香草莢（剖半後將籽刮出） 半支
糖 80g
白酒 150c.c.
柳橙（汁） 1顆
番紅花或粉 適量

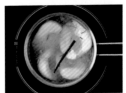

做法

1 取一小湯鍋，放入所有材料煮滾，再以小火加蓋煮軟。

2 開蓋，稍作濃縮至稠狀。

3 放冷後冷藏，浸泡過夜，風味更佳。

4 將西洋梨盛盤，淋上醬汁，可佐配一球香草冰淇淋。

馨香清爽的西洋梨加了白酒燉煮後，味道變得高雅宜人。世上最珍貴的香料——番紅花，把甜梨染成華麗的金黃色澤，如同尊貴無比的皇家料理。這道上菜後會讓眾人驚呼連連的甜點，不論宴客或獨享都令人盡興！可先做好冷藏，風味會再升級喔！

紅莓果蜂蜜優格冰杯

烹飪器具

刨皮器、玻璃杯

材料

綜合紅莓果（冷凍亦可） 120g
香吉士（取皮末後榨汁） 半顆
蜂蜜 70g
糖 20g
香草優格 350g
早餐用碎穀片（Muesli） 30g

做法

1 將香吉士、紅莓果、蜂蜜和糖混合均勻。

2 將優格與莓果層層交叉填入杯中，最後灑上碎穀片裝飾即可。

生活如此忙碌，下廚談何容易？更何況是為了做甜點而下廚，更是難上加難。有鑑於此，我設計了幾款容易做又風味正統的歐式「快手甜點」，以備大家發饞或宴客之需。當我需要減重時，優格是我的最佳選擇，它可以取代沙拉的油醋或醬類，甜點癮發作時也可以做成輕甜食解饞。優格裡的益生菌對身體好處多多，能幫助調節腸道菌叢生態，解決便秘困擾。這款優格還搭配了莓果和穀片冰杯，不僅能增加口感，還可強化營養素和抗氧化力，滋味豐富之外還能幫健康加分！

MANGO, NUTMEG AND YOGHURT

芒果豆蔻優格冰杯

烹飪器具

調理機、玻璃杯

材料

熟芒果（中，一半切塊，一半打成泥）　1顆
糖　30g
原味優格或冰淇淋　200c.c.
肉豆蔻粉　1.5小匙
黑胡椒（現磨）　適量

做法

1　芒果泥加入糖和肉豆蔻粉拌勻，並使其融化。

2　將原味優格或冰淇淋與1.交叉填入杯中。

3　最後放上芒果丁，再撒上些許肉豆蔻和現磨黑胡椒即可食用。

當源自於北印度和馬來半島的芒果，遇上印尼摩魯卡的香料肉豆蔻，迸發出一種灼人且濃
郁突出的芳香滋味。這款點心非常容易製作，風味獨特又迷人，大家千萬別錯過。

簡速法式蘋果塔

烹飪器具

烤箱、8寸塔模1個、微波爐

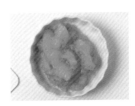

材料

酥皮（市售） 1條
蘋果泥（市售） 350g
蘋果（削皮後切薄片） 2個
無鹽奶油（室溫） 5g
麵粉 適量
香草冰淇淋 1球

做法

1 烤箱以200℃預熱至少10分鐘。奶油放入碗中，蓋上保鮮膜，用微波爐加熱融化。

2 在烤模上刷一層薄奶油，灑上麵粉，鋪上酥皮，並用叉子在塔底戳洞。

3 接著將蘋果泥鋪在塔內，並將蘋果片做環狀排列。

4 放入烤箱烤約20分鐘呈焦黃色。

5 可佐配香草冰淇淋食用。

想要來個獎勵自己的甜點嗎？只要30分鐘就可以完成這個心願！內餡鋪滿如花朵般綻放的新鮮蘋果片，療癒效果絕佳。此外，蘋果還有許多膳食纖維，以及多酚類化合物，能促進血液循環和心臟健康，讓你吃甜點也可以吃得毫無罪惡感！

CRÊPES WITH SALTED CARAMEL AND THYME

布列塔尼可麗餅
佐百里香鹹焦糖醬汁

烹飪器具

平底鍋1支、醬汁鍋1支
攪拌盆、濾網

材料

麵糊
| 低筋麵粉 50g
| 牛奶 80c.c.
| 蛋（小） 1顆
| 鹽 少許
| 糖 40g
| 無鹽奶油（融化） 20g

鹹焦糖百里香醬汁
| 糖 50g
| 烘焙用鮮奶油 70c.c.
| 無鹽奶油 5g
| 百里香（葉） 2株
| 鹽之花 少許（約1克）

一般食用油 適量
冰淇淋 隨個人喜好

做法

1 製作〔麵糊〕：
　（1）將麵粉篩入攪拌盆，並在中間挖出一個凹槽。
　（2）將蛋打散，把鹽和糖放入凹槽中，利用離心原理將蛋、糖和鹽慢慢與麵粉混合。
　（3）邊慢慢的將牛奶以順時鐘方向加入，邊攪拌均勻。
　（4）加入融化後的奶油拌勻。
　（5）最後用濾網過濾融化後的材料，蓋上保鮮膜，放入冰箱冷藏靜置至少半小時。

2 製作〔鹹焦糖百里香醬汁〕：
　（1）將糖放入醬汁鍋中以小火慢慢加熱（切忌攪拌，只能搖晃鍋子使其均勻）。
　（2）待醬汁呈焦黃色立刻離火。
　（3）加入鮮奶油、百里香、奶油和些許鹽之花攪拌均勻即成醬汁。

3 取一個小平底鍋刷上薄薄一層油加熱，舀入一大匙麵糊，並將麵糊快速且均勻的散開，以小火煎至焦黃後迅速翻面再煎一下，即可取出放在網架上冷卻。

4 將薄餅盛盤，淋上醬汁，佐搭冰淇淋即可。

猶記得那段坐在布列塔尼碧海藍天下狂啖生蠔和薄餅的日子，短短幾日不知吃了多少不同口味的薄餅，五花八門，滋味各有千秋，直到今日，只要想到那段光景，依舊感到幸福無比，因此每當想要吃甜食，腦海中最先閃過的就是做道簡單的薄餅。今天發揮「醬汁女王」的功力，來道鹹焦糖醬汁薄餅，最棒的是用了自種的有機百里香，風味獨特，真是美味得沒話說。不說了，再吃張薄餅去也。

CREME BRÛLÉE

薰衣草焦糖布丁

烹飪器具

烤箱、醬汁鍋1支、細目濾網、布丁盅

材料

蛋黃　3顆
糖　50g
烘焙用鮮奶油　120c.c.
香草莢（剖開取籽）　半支
有機薰衣草（可省略，亦可加入任何喜歡的口味）　3g
二砂糖　適量

做法

1　烤盤裡加入100c.c.的水，烤箱以150℃預熱至少10分鐘。

2　將鮮奶油、香草籽和薰衣草以小火加熱到接近沸騰即離火冷卻。

3　蛋黃打散後加入糖拌勻，再將鮮奶油分兩次加入2.中（不要過度攪拌）。

4　用細目濾網將3.過濾，再平均放入布丁盅裡。

5　放入烤箱烤30～40分鐘至布丁凝結。

6　取出冷卻，再放入冰箱冷藏至少1小時。

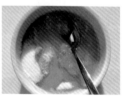

7　食用前撒上二砂糖，以噴火槍大火快燒至焦黃脆片狀即可。

名聞遐邇的焦糖布丁是法國甜點的經典代表，坊間的做法很多，程序稍嫌繁複，但是我有一套能讓焦糖布丁變得更簡單、更美味的要訣，在這裡分享給大家：
1. 採低溫蒸烤法，能防止布丁乾裂、喪失水分。
2. 鮮奶油切勿煮沸，會造成油、奶分離，且要分次加入蛋黃，質地會更細緻，並防止過熱成了「蛋花」。
3. 奶汁過濾後口感會更好。

FOLLOW PHOEBE

歐陸食材哪裡買？

　　還在擔心尋找食材不易而遲遲未動手試做歐陸料理嗎？其實現在在臺灣要找歐陸食材越來越方便了，尤其拜網購發達之賜，動動手指頭就能輕鬆購得囉！

● 主廚的秘密食材庫（Good food you）
　地址／100臺北市中正區汀州路二段
　　　189號
　電話／+8862 2367 1558
　臺灣老字號的專業歐陸食材進口商，
　有專人服務（實體店和網路商店）。

● 歐陸食材小舖
　地址／804高雄市鼓山區鼓元街55號
　電話／+8867 531 6820
　專業歐陸食材商店，有專人服務（實
　體店和網路商店）。

● 美福食集
　地址／114臺北市內湖區民善街128號
　電話／+8862 2794 6889
　專業東西食材商店，有專人服務（實
　體店和網路商店）。

● 上引水產
　地址／104臺北市中山區民族東路410
　　　巷2弄18號
　電話／+8862 2508 1268
　專業水產品（尤其日系）、肉品、進
　口蔬果，有專人服務（實體店）。

● 湯瑪仕肉舖
　地址／116臺北市文山區羅斯福路五段
　　　176巷17號1樓
　電話／+8862 2932 3807
　專業肉品商店，有專人服務（實體店
　和網路商店）。

● PEKOE 食品雜貨鋪
　地址／106臺北市大安區敦化南路一段
　　　295巷7號
　電話／＋8862 2700 2602
　專業東西食材商店，有專人服務（實
　體店和網路商店）。

● 樂烘焙
　地址／106臺北市大安區和平東路三段
　　　68-7號
　電話／+8862 2738 0306
　專業烘焙材料行，有專人服務（實體
　店和網路商店）。

每到巴黎，總愛到市場逛逛，Marchè Rennes Paris便是我尋找好食材和新靈感的園地。
有機會來巴黎，不妨也來這兒挖寶吧！

著名的紅孩兒遮頂市集（Marché couvert des Enfants Rouges）是美食匯聚之處，除了諸多新鮮食材，還有各式各樣的美味熟食，吃貨絕對不可錯過。

- 燈燦烘焙食品
  地址／103臺北市大同區民樂街125號
  電話／+8862 2553 3434
  專業老字號烘焙材料行，有專人服務（實體店）。

- 飛訊烘焙材料行
  地址／111臺北市士林區承德路四段
  277巷83號
  電話／+8862 2883 0000
  專業烘焙材料行，有專人服務（實體店和網路商店）。

- 濱江市場葉大鵬
  攤位號碼／24－06
  電話／+886928 257 532
  菜市場裡的專業歐陸攤，有專人服務（實體店）。

- 天母士東市場
  地址／111臺北市士林區士東路100號
  電話／+8862 2834 5308
  專業東西食材菜市場，有專人服務（實體店）。

- 微風廣場 Breeze Super
  地址／105臺北市松山區復興南路一段
  39號
  電話／+8862 6600 8888#7001
  專業東西食材超市，有專人服務（實體店）。

- 天母 Jasons 超市
  地址／111臺北市士林區天母西路3號
  電話／+8862 2872 5160
  專業東西食材超市，有專人服務（實體店）。

跟著Phoebe老師用時尚神器
簡單又優雅地下廚
你家就是巴黎餐酒館

magimix

廚房小超跑食物處理機
讓料理變簡單

- 一機抵8機，取代各式廚房家電
- 感應式無刷馬達30年保固
- 全機法國製

domo

義大利米其林御用鍋

Bold in Rock

神盾礦石鍋

- 超耐磨HOPLON不沾塗層
- 可使用金屬器具料理
- 內嵌節能板導熱迅速

OXO

美國餐廚用具首選

可調式
蔬果削片器

- 三種厚度蔬菜切片
- 大小一致省時又省力

可攜式
蔬果削鉛筆機

- 輕鬆轉出螺旋蔬果麵
- 野餐露營也實用

 恆隆行 hengstyle

www.hengstyle.com.tw 服務專線 0800-251-209

恆隆行內湖體驗空間：台北市內湖區洲子街82號

懂得品味的你

選擇久揚

我們為您挑選品質最優良的酒款

您的
青睞與擁護

ORTEGA．TROCKENBEERENAUSLESE

久揚成立以來，一直秉持「品質第一」
其背後的信念無非是為了所有愛好品飲者
能品嚐到最優質、香醇、特別的美酒；讓
顧客在品酒的同時盡情享受味蕾上的豐富
層次歡愉感。

TOBIAS．LEIB．SECCO

ROSÉ

「久揚」提供您最具獨特性及幸福感的酒
款，讓您的舌尖有意想不到的美味與驚嘆
我們目前主要代理進口的有德國手工有機
紅白葡萄酒、貴腐酒以及德國奧地利啤酒
法國香檳、法國勃根地等。
這些美酒伴隨您度過無數個最特別的日子
和喜悅，是您與最心愛的家人朋友一同分
享美好時光所不能或缺的選擇，也是您獨
道品味的展現。

禁止酒駕 酒後不開車　安全有保障

久揚貿易專業洋酒
Jin Yang Trading Firm

深獲主廚信賴的歐陸食材選品專賣店

Good Food You
主廚的秘密食材庫

各式頂級食材應有盡有！真正懂您挑剔的胃口，
為您打開美食任意門！

門市地址：
台北市中正區汀州路二段189號1樓
門市電話：
02-2367-1558
營業時間：
每週二～週日　11:00~20:00 (週一固定公休)

LINE@客服　　　臉書專頁

品嚐自然陽光的熟成
舞動兩個人的心跳

詹堤士的簡單‧不簡單

從栽種、日照、土地、水份到空氣都歷經嚴格細心的控管
在餐桌上享受Zentis果醬，早已是歐洲人生活中的一部分
Zentis 75%果醬，散發濃郁果香，甜味層次豐富
在台灣，您也能夠享受到的誘人滋味

德國第一果醬品牌

掃QR CODE立即購

THE MOST USED OIL BRAND BY CHEFS IN ITALY*

奧利塔爲義大利最多主廚使用的食用油品牌

根據2017年尼爾森調查

*Claim based on research conducted by Nielsen from September 21 to October 4 2017, 600 interviews to Restaurant, Pizzeria and Hotel with kitchen, +/-3.1 pp at 95%

好吃 09

兩個人的巴黎餐酒館
100 Recipes from my Heart

作者 / Phoebe Wang
特約編輯 / 潘玉芳
美術設計 / 謝富智
責任編輯 / 何若文
版權 / 吳亭儀、江欣瑜、林易萱
行銷業務 / 林詩富、吳藝佳、周佑潔、賴玉嵐

總編輯 / 何宜珍
總經理 / 彭之琬
事業群總經理 / 黃淑貞
發行人 / 何飛鵬
法律顧問 / 元禾法律事務所 王子文律師
出版 / 商周出版
台北市南港區昆陽街16號4樓
電話：(02) 2500-7008　傳真：(02) 2500-7579
E-mail：bwp.service@cite.com.tw
Blog：http://bwp25007008.pixnet.net./blog
發行 / 英屬蓋曼群島商家庭傳媒股份有限公司城邦分公司
台北市南港區昆陽街16號8樓
書虫客服專線：(02)2500-7718、(02) 2500-7719
服務時間：週一至週五上午09:30-12:00；下午13:30-17:00
24小時傳真專線：(02) 2500-1990；(02) 2500-1991
劃撥帳號：19863813　戶名：書虫股份有限公司
讀者服務信箱：service@readingclub.com.tw
城邦讀書花園：www.cite.com.tw
香港發行所 / 城邦（香港）出版集團有限公司
香港九龍土瓜灣土瓜灣道86號順聯工業大廈6樓A室
電話：(852) 25086231傳真：(852) 25789337
E-mailL：hkcite@biznetvigator.com
馬新發行所 / 城邦(馬新)出版集團【Cité (M) Sdn. Bhd】
41, Jalan Radin Anum, Bandar Baru Sri Petaling,
57000 Kuala Lumpur, Malaysia.
電話：(603)90578822　傳真：(603)90576622
E-mail：cite@cite.com.my

印刷 / 卡樂彩色製版印刷有限公司
經銷商 / 聯合發行股份有限公司　電話：(02)2917-8022　傳真：(02)2911-0053

2019年10月07日初版　Printed in Taiwan
2024年05月25日初版3刷
定價520元
著作權所有，翻印必究　**城邦**讀書花園
ISBN　978-986-477-736-5

巴黎外拍攝影 / Phoebe Wang、Yurina Niihara
食譜攝影 / Phoebe Wang、Julia
巴黎協力 / Grand Coeur（Chef Nino La Spina）
　　　　　Accents（Chef Romain Mahi & Ayumi Sugiyama）
　　　　　Bon Marchè « LA TABLE »（Chef Cédric Erimée）
　　　　　ANONA（Chef Thibaut Spiwack）
　　　　　Marchè Rennes Paris
　　　　　Marché couvert des Enfants Rouges

國家圖書館出版品預行編目(CIP)資料

兩個人的巴黎餐酒館 / Phoebe Wang著. -- 初版. -- 臺北市：
商周出版：家庭傳媒城邦分公司發行, 民108.10 264面；17*23公分
ISBN 978-986-477-736-5(平裝)　1. 食譜　2. 法國
427.12　108015451

廣 告 回 函
北 區 郵 政 管 理 登 記 證
台 北 廣 字 第 0 0 0 7 9 1 號
郵 資 已 付 , 免 貼 郵 票

115 台北市南港區昆陽街 16 號 4 樓

英屬蓋曼群島商家庭傳媒股份有限公司
城邦分公司

請沿虛線對摺,謝謝!

書號: BF7109	書名: 兩個人的巴黎餐酒館	編碼:

 商周出版

讀者回函卡

感謝您購買我們出版的書籍！請費心填寫此回函卡，我們將不定期寄上城邦集團最新的出版訊息。

線上版讀者回函卡

姓名：＿＿＿＿＿＿＿＿＿＿＿＿＿＿＿＿＿＿＿＿＿　性別：□男　□女

生日：西元＿＿＿＿＿＿＿＿年＿＿＿＿＿＿＿月＿＿＿＿＿＿＿日

地址：＿＿＿＿＿＿＿＿＿＿＿＿＿＿＿＿＿＿＿＿＿＿＿＿＿＿＿＿＿

聯絡電話：＿＿＿＿＿＿＿＿＿＿＿＿　傳真：＿＿＿＿＿＿＿＿＿＿＿

E-mail：

學歷：□ 1. 小學 □ 2. 國中 □ 3. 高中 □ 4. 大學 □ 5. 研究所以上

職業：□ 1. 學生 □ 2. 軍公教 □ 3. 服務 □ 4. 金融 □ 5. 製造 □ 6. 資訊

　　　□ 7. 傳播 □ 8. 自由業 □ 9. 農漁牧 □ 10. 家管 □ 11. 退休

　　　□ 12. 其他＿＿＿＿＿＿＿＿＿＿＿＿＿＿＿＿＿＿＿＿＿＿＿

您從何種方式得知本書消息？

　　　□ 1. 書店 □ 2. 網路 □ 3. 報紙 □ 4. 雜誌 □ 5. 廣播 □ 6. 電視

　　　□ 7. 親友推薦 □ 8. 其他＿＿＿＿＿＿＿＿＿＿＿＿＿＿＿＿＿

您通常以何種方式購書？

　　　□ 1. 書店 □ 2. 網路 □ 3. 傳真訂購 □ 4. 郵局劃撥 □ 5. 其他＿＿＿＿

您喜歡閱讀那些類別的書籍？

　　　□ 1. 財經商業 □ 2. 自然科學 □ 3. 歷史 □ 4. 法律 □ 5. 文學

　　　□ 6. 休閒旅遊 □ 7. 小說 □ 8. 人物傳記 □ 9. 生活、勵志 □ 10. 其他

對我們的建議：＿＿＿＿＿＿＿＿＿＿＿＿＿＿＿＿＿＿＿＿＿＿＿＿＿

＿＿＿＿＿＿＿＿＿＿＿＿＿＿＿＿＿＿＿＿＿＿＿＿＿＿＿＿＿＿＿＿＿

＿＿＿＿＿＿＿＿＿＿＿＿＿＿＿＿＿＿＿＿＿＿＿＿＿＿＿＿＿＿＿＿＿

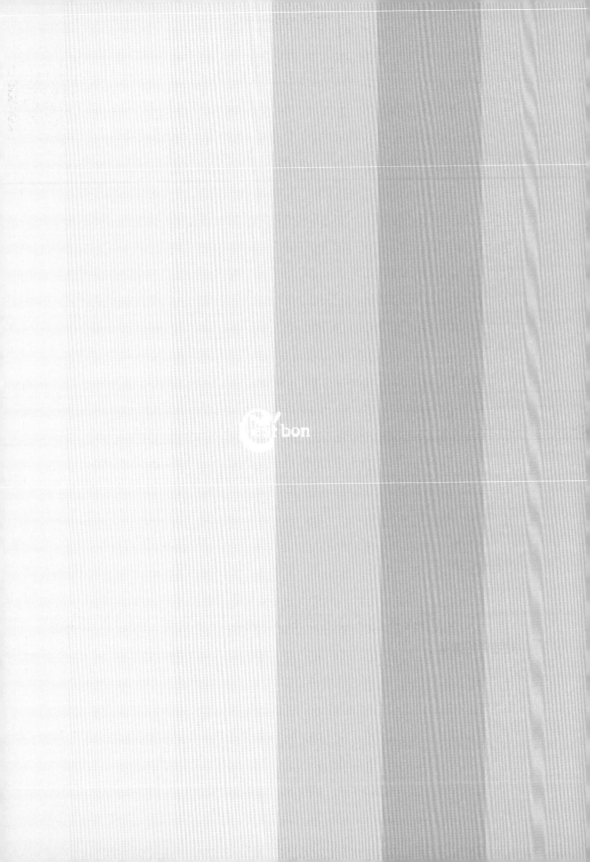